蔬果花酱

创意盘饰

白学彬 主编

王深 副主编

海峡出版发行集团
THE STRAITS PUBLISHING & DISTRIBUTING GROUP
福建科学技术出版社
FUJIAN SCIENCE & TECHNOLOGY PUBLISHING HOUSE

作者简介：白学彬

经历

北京艺晶玉明培训学校创始人

北京国翰通餐饮文化发展中心法人

全国学雷锋先进个人

2020 中国"最美厨师"当选人物

2020《匠心中国》封面人物

南阳雷锋厨师营北京服务中心主任

国家烹饪赛事注册裁判员

中国烹饪协会素食厨艺委员会副主席

中国食文化研究会培训部副主任

北京联合大学、北京人大附中等 4 所学校"中国心"艺术选修课受聘老师

香港经济网特别授予"亚洲食雕王"荣誉称号

出版书籍

《新编浮雕、镂空雕技法与应用》

《新编凤雕技法与应用》

《新编果盘装饰技法与应用》

《主题食雕》

《时尚盘饰创意和制作》

《创意盘饰设计与制作》

《食雕盘饰宝典》

《瓜雕宝典》

他，曾经是首都的一名保安，后来成为一名厨师，现已是在业界享有名望的专职厨艺教师。"量料取材、因材施艺"是白氏蔬果雕刀法的一大特点，白氏刀法特别在浮雕、镂空雕等高难度雕刻方面独树一帜、自成一派。白学彬 2001 年创办艺晶玉明烹饪雕刻学校，开班 20 年来，已培养技能人才上万人，学员遍布全国各地，多已成为餐饮企业的主力军，还有多人在各大烹饪赛场摘金夺银。

白老师承担了很多的大型活动的主题食雕创作，如首届"一带一路国际高峰论坛""库布其国际沙漠论坛""曾家山国际生食蔬菜高峰论坛"等国际会议的食雕展台。将廉价的萝卜、南瓜等雕刻成艺术品，曾受到中国农业部长接见并颁发荣誉证书。

学无止境，拼搏无限！从厨三十年来，他社会荣誉无数：1996 年第一次参加北京市面点冷拼雕刻大赛，荣获金奖；1999 年北京市第三届烹饪大赛金奖；2003 年参加"第五届全国烹饪大赛"这一国家最高赛事荣获金奖；2017 年，他又一次参加河南省第七届烹饪技术大赛，荣获特金奖……

时代在变，年龄在变，食雕艺术也在变，唯一不变的是他那自信、执着、专业、坚守和永不服输的心！

是什么力量成就了他的传奇？——50 年前，在一个贫困的山村，在他出生只有一岁多、现已没有丝毫记忆时，他的妈妈就病故离开了他。从小没有妈妈的孩子，苦命长大至今，似乎比别人更懂得生命的可贵与善念。他从学艺、工作，到开班招生，始终都在用慈悲心去报答一切有恩之人；利用自身所能尽力帮助贫苦无依之人，免费收徒教学；推广素食厨艺，拒绝野生动物杀生。他为人师表，很好地影响着他的学生，弘扬雷锋精神，带动餐饮界更多的人加入志愿者队伍。

总之，"京刀白"凭借他精湛的技能和不懈的追求，耕耘出中国烹饪食雕艺术的一片福田，一步步演绎和证明了他是当今"亚洲食雕王"！

作者微信

关于作者的更多故事，可扫码阅读

《须弥梦想藏食雕 传承文化引潮头》

目 录
CONTENTS

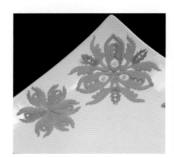

第四章

用蔬果做花卉造型

第五章

用蔬果做 Q 版造型

第六章

果酱画盘饰

第七章

综合材料盘饰

第八章

视频演示

一 菜肴盘饰的作用

菜肴盘饰，就是利用可食用的食物，或花草、贝壳、餐具等干净的材料，放在盘面对菜品进行装饰。

现代餐饮业评价菜肴的标准有色、香、味、形、意、养几个方面，其中色、形、意都可以通过盘饰来加强或营造；香也可从通过盘饰来营造，例如用水果雕刻成容器盛装菜肴，水果的香味就会渗透到菜肴里。

制作者可以根据盘面形状和菜品特点，用很短的时间制作出有内涵的简易盘饰，虽然它占的盘面积小，但可以大大提升菜肴的档次。

二 盘饰如何更好地与菜肴搭配

设计菜肴盘饰首先要从菜肴入手，可以从菜肴的原料性质、制作方法、口感、外形、色泽，以及菜肴的起源、寓意等方面切入，再与盛器、环境等配合进行构思，通过"形"的塑造，"色"的调配，表达完整的"意"。具体可分为下面几种情况。

（1）盘饰原料与菜肴的主料相同。这种盘饰可以与菜肴相互衬映，显得调和自然、美雅得体，让客人可以欣赏到厨师的手艺。

（2）与菜肴的形态配合。菜肴成品有末、丝、丁、片、块、整形等不同的形态，若是末、丝等形态，可以用围边进行装饰，使混乱的菜品变得整洁；若是整形，如鸡、鱼、鸭、大虾等，则可以采用中心点缀或边角点缀、对称点缀；若是较小的粒或丁状，还可以使用盛器装饰，将菜肴装在一个或几个雕好的盛器内。

（3）与菜肴的色泽配合。一般采用反衬法，如菜色为红、黄等暖色，则点缀物为绿、紫等冷色，这样可以丰富画面，突显主菜。

（4）与菜肴的口味、香味配合。为了防止串味，一般甜的菜品宜选用水果做衬垫，咸鲜味的菜品就选用咸鲜味的装饰物；而煎炸菜可以搭配爽口的装饰料，让口感平衡。有些菜肴使用了特殊的调料而带有香味，那么就可以从香味入手设计盘饰，如菜品是用竹叶或竹筒包裹后热熟，带有竹香，可以用莴笋或黄瓜雕几株翠竹来装饰。

（5）与原料的产地特色配合。如菜肴是用仙人掌制成的，可将盘饰设计为沙漠、骆驼等；如菜肴是用澳大利亚特产制成的，就可以制作一个袋鼠形象作装饰。

（6）与宴会的特点配合。如欢迎的对象是外来客人，可以用具有当地特色的原料或雕刻造型进行点缀。还应注意不要用不受喜欢或被忌讳的花草来点缀菜品。

三 盘饰雕刻的工具

1.雕刻主刀

它也称为平刀，是食品雕刻中最常用的工具，可以用来切、雕、削等。

2.戳刀

其刀口通常分为 U 形和 V 形，且有不同尺寸。

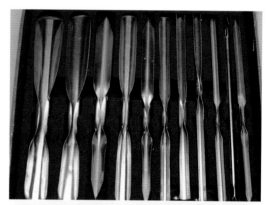

3.拉刻刀

这是一类较新型的雕刻工具，刀口有圆形、U形、V形等多种，利用拉、掏等手法进行雕刻。下面介绍各形状刀口，需要指出的是，同一类型的刀口，也可能因具体形状和尺寸的不同而有多种。

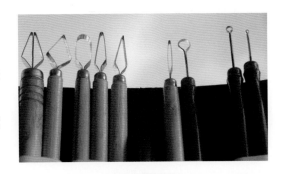

单线拉刀 在果体、瓜皮上画线的实用工具。

双线拉刀 与单线拉刀相似，一次可以划两条线。

剔线细拉刀 可从果体上剔下细长的线条，用于制作绳结等。

圆形条拉刀 实际上就是大号的剔线细拉刀，可从果体上剔下粗的线条，用于制作套环、珠子等。

四 新型盘饰常用食材

时尚盘饰的材料选择灵活多样，下面仅介绍新型盘饰中较常用到的一些材料，更多的材料会出现在本书后面给出的实例中，实例中都会说明名字。

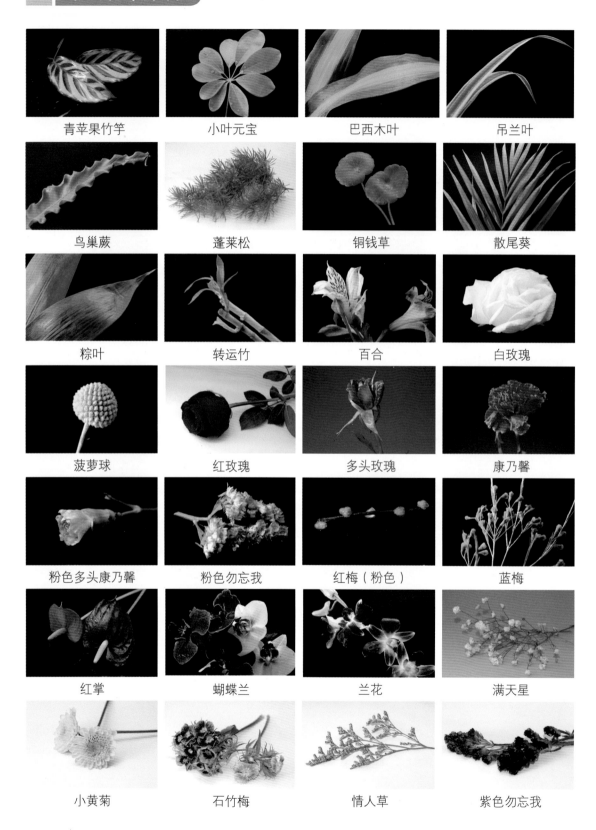

青苹果竹竽　　小叶元宝　　巴西木叶　　吊兰叶

鸟巢蕨　　蓬莱松　　铜钱草　　散尾葵

粽叶　　转运竹　　百合　　白玫瑰

菠萝球　　红玫瑰　　多头玫瑰　　康乃馨

粉色多头康乃馨　　粉色勿忘我　　红梅（粉色）　　蓝梅

红掌　　蝴蝶兰　　兰花　　满天星

小黄菊　　石竹梅　　情人草　　紫色勿忘我

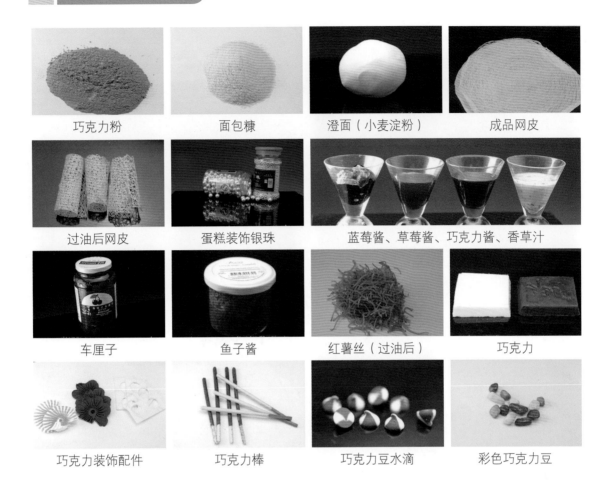

巧克力粉　　面包糠　　澄面（小麦淀粉）　　成品网皮

过油后网皮　　蛋糕装饰银珠　　蓝莓酱、草莓酱、巧克力酱、香草汁

车厘子　　鱼子酱　　红薯丝（过油后）　　巧克力

巧克力装饰配件　　巧克力棒　　巧克力豆水滴　　彩色巧克力豆

五　果酱画颜料的制作方法

　　果酱画又名叫酱汁画、盘绘，其颜料远不仅仅是果酱，都是从厨房中就地取材的，其中有一个重要的要求是黏稠度合适：不能太稀，这样才会黏附在盘面上，不随意流淌和扩散；也不能太浓，这样才有流动性，适合作画。

　　下面介绍几种适合用来做果酱画颜料的食材。

1.巧克力酱

　　巧克力酱即液态巧克力，是深褐色的颜料。市场上可以买到成品，名字常叫作"巧克力味裱花拉线膏"。

　　但市售产品不适合直接用来作画，因为其流动性不强，不便涂抹，液体外观也不够光亮。可以使用下面的方法进行调配，改善这两个问题。

市售巧克力酱

调制好的巧克力酱

配方： 巧克力拉线膏 50 克，蜂蜜 5 克，纯净水 5 克。

做法： 将配方材料倒入盆中，用勺子持续搅拌 1 分半钟，至混合物舀起倒下时显得连绵、有光泽。配方中蜂蜜、水的用量可以根据所需要的颜料的浓、稀情况自行调制。

· 在配方中可以加入食用黑色色素，这样制成的巧克力酱就不再是褐色，而是黑色。
· 选择巧克力拉线膏时尽量不用杂牌或者假牌子，否则会导致口味不正常；蜂蜜应注意存放情况，不要使用过期发酵的蜂蜜。

2. 果酱

市面上可以买到多种颜色的果酱套装，果酱瓶兼有笔的功能，使用很方便。

自己制作有色果酱也不难，并且可以更好地把控色调。自制有色果酱的一种简易方法是用透明果膏勾兑食用色素，食用色素在很多酒店里都能找到，可以使用以下配方，混合调匀即可。

推荐配方：

（1）透明果膏，50 克；

（2）纯净水，10~15 克（相当于 1~2 个纯净水瓶盖的体积）；

（3）食用色素，量以滴计，随颜色深浅而不同，可以先调出不同的深浅色备用。

市售果酱套装 / 果酱笔

食用色素

透明果膏

3. 沙拉奶油颜料

取沙拉酱 50 克和炼乳 20 克，调匀成白色酱料，然后添加少许食用色素，即成为各色颜料。

另外，黄色颜料也可以用奶油 20 克、低筋面粉 25 克、牛奶 350 克、玉米粉 15 克、蛋黄两颗、砂糖 50 克调匀而成。

4.其他材料

将蜂蜜添加色素后可以作画，将蚝油、老抽熬浓稠后也可以作画。

六　糖艺糖液的制作方法

糖艺可以做出十分酷炫的效果。在本书后面的例子中，我们仅简单地利用糖液制造流体的效果。

1. 使用砂糖

糖液的材料可以使用砂糖，可参考以下配方：砂糖 1000 克，纯净水 300 克，葡萄糖浆 100 克。其中，砂糖采用精制产品，例如韩国细砂糖，可以减少糖液在达到 100℃以上高温后出现的发黄、发黑情况；使用葡萄糖浆的主要作用是在冷却后减少结晶。

糖艺材料做法：

1. 开大火，将水烧开，加入砂糖、葡萄糖浆，不停搅拌，防止焦底。

2. 待糖再次沸腾，就不需要持续搅拌了，炉转中火，用温度计测温，当达到 150℃后，关火，糖液可以使用了。

3. 可将糖液倒在不沾垫上做造型或进行拉糖。

4. 拉糖：取合适体积的糖块，反复拉长、折叠、再拉长……十几回合后，糖体会变成不透明的白色，表面光亮。（对于透明效果的盘饰，不需要拉糖。）

2.使用艾素糖

艾素糖也叫珍珠糖、法国拉丝糖、益寿糖，用它制作流糖造型时，不用加水，可直接干熬，不断搅拌至熬化即可。

使用艾素糖的一个实例的操作视频可见本书正文最后一页。

第二章
各种蔬果的
特色用法

萝 卜

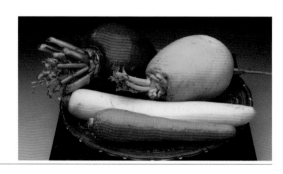

萝卜常见的有白萝卜、胡萝卜、青萝卜、卞萝卜、心里美萝卜等。

几何小丁

制作步骤：

胡萝卜切出正方形，在每个面分别从中间的二分之一处切下一半即可分开为两个三角棱形丁。

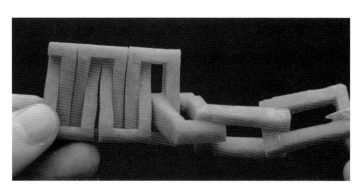

链 条

材料：胡萝卜、卞萝卜。

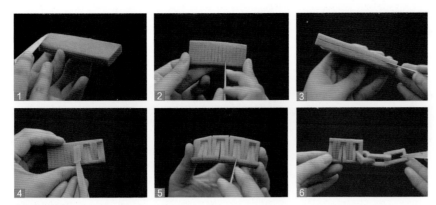

制作步骤：

1. 用刀切出1厘米厚的长方块。

2. 用刀尖垂直切出间距5毫米的多条平行线，在下刀方向完全切透，但在走刀方向的起点与终点都与方块的边缘保持5毫米的距离不切断。

3. 在材料如图的两面用刀尖沿中线劈入，深5毫米。

4. 在一面剔除原料形成两两平行的斜面；在另一面也同样做。

5. 在长边上、两个环之间下刀5毫米深切断（不可切到下一层）。

6. 慢慢拉开。

虎形摆件

制作步骤：

1~4. 切取半块胡萝卜，利用平口和不同的圆口戳刀工具戳出兽形轮廓。

5~6. 将胡萝卜切成片，作为盘饰摆件。

剪纸天鹅

制作步骤：

 1. 切一片萝卜，用平刀画出轮廓。

 2. 用 U 形戳刀戳出头部细节。

 3. 再用平刀继续画出大的轮廓。

 4. 用小号 U 形戳刀戳出眼睛。

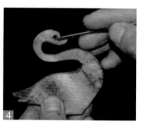

黄 瓜

绿丝带

辅助材料：小西红柿、蓬莱松。

制作步骤：

 1. 将黄瓜切成长片，并切割成不同宽度的条带。

 2. 用中号圆口戳刀在条带上镂空，然后浸泡在水中备用。

 3. 用牙签固定小西红柿和条带成球形。

 4. 将圆球摆放在盘上；另外再戳出两片燕尾状黄瓜片，在圆球下分开摆放；最后用蓬莱松点缀。

翡翠花

制作步骤:

1. 将黄瓜切成铅笔头状,然后用双线拉刻刀在绿色表皮上均匀拉出线条。

2. 用雕刻刀旋转地切下螺旋状的长条。

3. 放在盘子上整理成花束。

制作步骤:

1~2. 用雕刻尖刀在黄瓜的中间部位插进去,沿V形路线切割一周,然后将黄瓜掰开。

3~4. 用雕刻刀在棱角处将黄瓜皮切开,而后再用水浸泡,使皮分离定型。

黄瓜花 ①

黄瓜花 ②

制作步骤:

1. 在黄瓜的断面呈V形下刀去料一周。

2. 在余下的黄瓜皮上再进刀刻画出V形。

3. 将各面黄瓜皮分别从顶端片开、展开。

4. 将各花瓣中心部分扶正,即成。

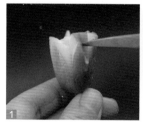

大葱

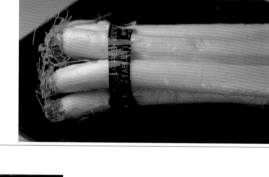

春迹

辅助材料: 小玫瑰、情人玫、黑橄榄、法香、南瓜、澄面。

制作步骤：

1. 取大葱白一段，用刀沿斜面切开。
2. 将手指插进葱里，取出筒形葱段。
3. 用澄面将葱段固定在盘上，再用小花等原料装饰。

争芳

辅助材料： 胡萝卜、蒜薹、玫瑰花瓣、法香等。

制作要点：

　　取大葱白小段，从顶部下刀切丝，注意下面不要切断，而后用水浸泡自然展开。摆盘时用胡萝卜切片做底，外部可以围一条加工后的蒜薹。摆上大葱花后，将玫瑰花瓣切碎，和法香等洒在上面。

制作要点：

　　取大葱白小段，从顶部下刀切丝，注意下面不要切断，而后用水浸泡自然展开。摆盘时插在掏空的一小段黄瓜圈上，用手往外自然分开，中间放上小花即可。

火树银花

辅助材料： 小菊花、黑橄榄、芒叶、荷兰豆籽。

蒜薹

音韵

辅助材料：兰花、澄面、香椿叶、小菊、法香等。

制作步骤：

1. 在蒜薹中间的一段上劈开一个小口。
2. 将蒜薹的一端折起插在小口里。
3. 将兰花用牙签插在蒜薹的另一端。
4. 将蒜薹造型用澄面固定在盘子上。
5. 用香椿叶、小菊、法香等点缀装饰。

心语

辅助材料：心里美萝卜、心形饰品。

制作步骤:

1. 在蒜薹一侧用刀连续割出 5 厘米左右的线条。

2. 将蒜薹浸泡在水中使其自然卷曲,然后用手折出好似心脏的造型,最后用牙签插在底座上,加以装饰。

西 瓜

草花

辅助材料: 法香、樱桃、巧克力酱、虾片。

制作步骤:

1. 取一片西瓜皮,将大部分白瓤层去掉。

2. 对留下的部分瓜瓤用小号圆口戳刀戳出圆孔。

3~4. 在西瓜皮上刻出长短不等的两组交错线条。

5~6. 用手将各条状瓜皮分别翻转、相互叠压固定即可成几何造型。

7. 用油炸好的虾片放在下面做底托。将西瓜皮、樱桃用牙签插起固定。

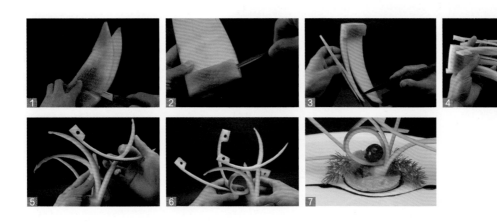

百 合

出水芙蓉

辅助材料：木耳菜、果酱等。

制作步骤：

1~2. 将鲜百合的瓣一个个剥开，再用小刀将百合瓣修饰成荷花瓣形状。

3~4. 取澄面团一小块，搓圆，稍压扁；在周围插上荷花瓣，插好一层后再插一层，形成盛开的花朵状；将荷花摆在盘上，用果酱点上"莲子"。

5~6. 将菜叶用剪刀剪成荷叶形状，摆放在荷花周围。

西红柿

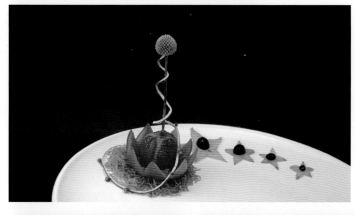

莲花宝灯

辅助材料：油炸土豆丝、杨桃、
胡萝卜、黑橄榄、
菠萝花。

制作步骤：

1~2. 在西红柿腰部用刀尖沿着折线切割，然后把上半部分的厚皮掀开去掉。

3. 用刻刀将果瓤修饰成圆球形。

4~5. 将炸土豆丝铺在盘子上，放上西红柿，再加以装饰。

紫甘蓝

铁扇银花

辅助材料：樱桃、小菊花、蓬莱松等。

制作步骤：

1. 用剪刀顺着叶子的外缘修剪，再用雕刀在里面进行镂空。
2. 插在澄面团上，再进行装饰。

小金瓜

兰花盆景

辅助材料：兰花、蓬莱松、情人草、
巧克力酱、澄面。

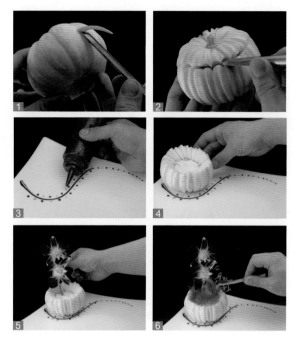

制作步骤：

1. 用小号圆口戳刀沿着瓜的周圆从下到上戳出凹凸起伏的轮廓。

2. 戳分瓜体，形成盅和盖。

3~4. 用巧克力酱在盘子上画出线条，把瓜盅放上。

5~6. 在瓜盅里放上澄面，插上兰花，用蓬莱松等原料装饰。

苹果

鸳鸯

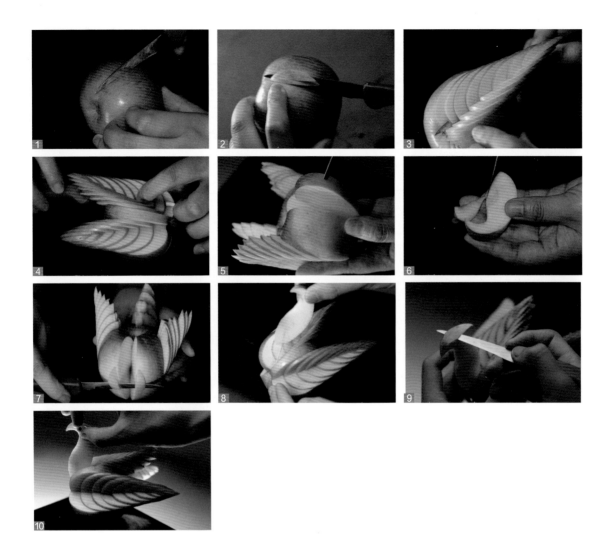

制作步骤：

1~3. 选一个大红苹果，用雕刻刀在其侧面逐步切出从小到大的 V 形薄片，并推开，作为鸟尾。

4. 在左右两边用同样的方法做出两个翅膀。

5~6. 在苹果剩下的一侧适当切出一块，切去废料，形成小鸟头颈的轮廓。

7. 把苹果底部切平，以便放在盘子上。

8~10. 将头颈用牙签插在身子上，用刻刀将头顶位置的果皮掀开翘起，最后装饰上仿真眼睛即可。

一 分步实例

什锦素心

材料： 胡萝卜、黄瓜、
茄子、土豆、
小洋葱、红椒。

制作步骤：

1. 首先用果酱在盘子中间勾勒出摆盘的大致轮廓。

2~6. 将胡萝卜先切一块，修成月牙形状，而后横向切出锯齿条纹，再分切成薄片。用戳刀在红椒上戳取一个圆点，作为花心。再把胡萝卜薄片两两对称摆放，形成花瓣状。

7~13. 用胡萝卜、黄瓜、土豆、小洋葱和细长茄子等切片，分别拼摆出花朵等造型。

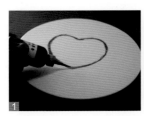   

龙腾花

制作步骤：

1. 我们要画的是一种在现实中不存在的花朵，但是具有传统的龙的神气。首先我们在盘子上用果酱画出大致的轮廓。

2. 把黄瓜切成近似月牙形的薄片，然后两两成对地摆放在前面画好的线条上。

3~4. 用胡萝卜切出薄片，摆放出花朵的形状。

5~6. 将土豆切片，进一步修饰花瓣。用从大到小的黄瓜片摆出花萼的形态。

7~8. 将茄子皮切片，装饰花瓣，增加立体感。

9. 最后再用绿黄色果酱进行勾勒点缀即可。

材料：胡萝卜、黄瓜、茄子皮、土豆、果酱。

作品赏析

梅花赞

材料：胡萝卜、黄瓜、
彩椒、巧克力酱。

材料：南瓜。

飞花

材料：胡萝卜、南瓜
（切丝）。

花儿香

材料：胡萝卜、黄瓜、
南瓜。

花儿飘

材料：胡萝卜、心里美萝卜。

富贵花

材料：胡萝卜、南瓜。

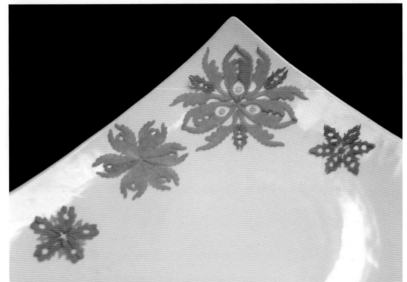

缤纷

材料：胡萝卜、南瓜、黄瓜。

锦绣

材料：胡萝卜、茄子。

福寿如花

材料：胡萝卜。

飞花留香

材料：胡萝卜、心里美萝卜、黄瓜、巧克力酱。

冰凌花

材料：心里美萝卜。

争奇斗艳

材料：胡萝卜、心里美
萝卜。

花饰

材料：心里美萝卜、
黄瓜。

第四章
用蔬果做花卉造型

木槿花

材料：心里美萝卜、胡萝卜、
青萝卜皮、卜萝卜。

花朵制作步骤：

1. 将心里美萝卜切出一瓣。

2. 用小号 U 形戳刀戳除一条废料。

3. 用雕刻主刀在材料两边各轻轻片一刀但不切断。

4. 削掉上部的废料形成花瓣雏形。

5. 在花瓣中间用刀尖深刻出一个坑。

6. 将材料平放，用刀切片，形成多个花瓣。

7. 用小号 U 形戳刀在胡萝卜上戳取一条圆丁。

8~10. 用胶水将花瓣绕着胡萝卜圆丁一层层地组合粘连。

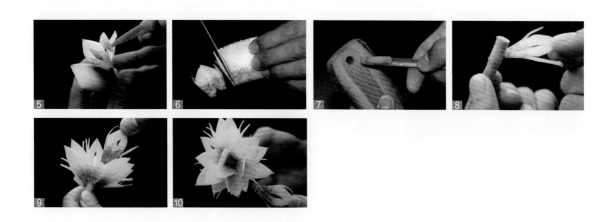

茶 花

材料：胡萝卜、西瓜皮、
心里美萝卜。

制作步骤：

1~2. 将胡萝卜切取两指厚的一段，将外形削成心形，然后片成薄片。

3~6. 将一片花瓣卷成花心，然后将第二片花瓣包上，用胶水粘牢，同法粘上更多花瓣，形成盛开的花朵。

7~9. 取西瓜皮薄片，用双线拉刀在上面刻画出叶脉线条，用平刀切出树叶轮廓，再用单线拉刀修饰边缘。

10~11. 取心里美萝卜表皮，可以带一些果肉，然后用同样的方法做成叶片。

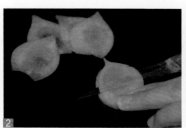

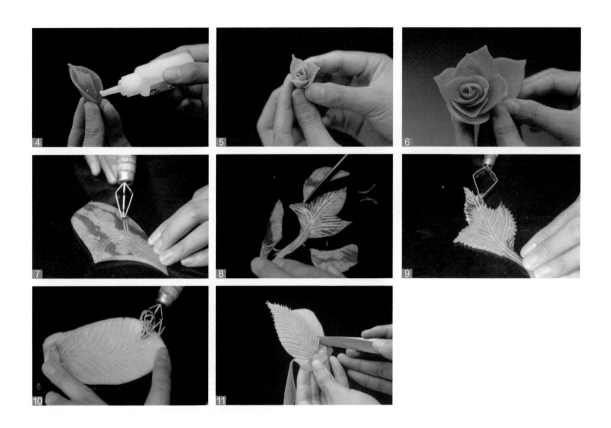

芙蓉花

材料：胡萝卜、白萝卜、青萝卜。

材料：胡萝卜、心里美萝卜、芒叶。

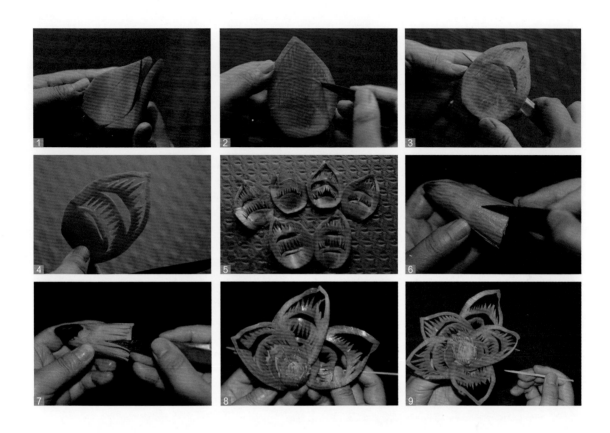

花朵的制作步骤（胡萝卜做法为例）：

1~5. 首先切取一段厚 3 厘米左右的胡萝卜，切成树叶心形，然后用小雕刻刀在切面深入，刻画图案，再切出薄片，完成花瓣。

6~7. 下面做花心。取一小段胡萝卜尾部，去皮修圆后用刻刀刀尖深入划一圈折线，然后片出薄薄一层，将多余废料去掉，如此就使一周的花蕊自然展现了。按此方法再连续一层层地刻到中心为止。（也可以用另一种方法：用菜刀片出带有尖形的薄片，再卷起来也可以。）

8~9. 将花瓣围绕花心，用牙签从下面十字形插入固定。最后用手整形后，浸泡水中一段时间，捞出摆盘。

冰凌花

材料：胡萝卜、冬青花枝。

制作步骤：

1. 将一小截胡萝卜削成五棱柱形。

2. 在棱角处再削去废料。

3. 刻出外层花瓣上的细纹。

4. 切分外层花瓣。

5~6. 削出花朵内层的轮廓。

7. 雕出第二层花瓣。

8. 雕出第三层花瓣，然后削掉废料，只留细长的材料作为花蕊。

9~10. 在花的底部戳个小孔，插在冬青花枝上。

玫瑰

花朵材料：胡萝卜。

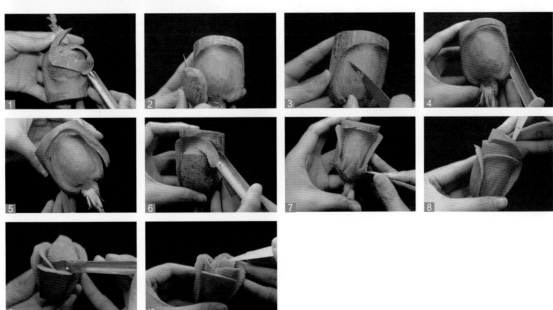

花朵制作步骤：

　　1~3. 在胡萝卜端部的一截上用中号半圆戳刀戳出花瓣边缘外卷的效果，然后用平刀修平花瓣外表面。

　　4~5. 用大号半圆戳刀沿着花瓣边缘戳，再用平刀切下废料，形成半绽放的花瓣。

　　6~8. 同法戳出外层的另2片花瓣。

　　9~10. 里面的2层做法和最外层类似，不同的是只雕出上面的花瓣部分，花瓣更多地包起。

紫荆花

花朵材料：南瓜、白萝卜。

花朵制作步骤：

1~4. 将南瓜削出 5 等分平面，去除棱角形成花瓣轮廓，用小号 V 形戳刀戳出花瓣的尖端，然后切出花瓣。

5. 用小号 V 形戳刀在每两个花瓣之间戳出一根线条，让其自然张开。

6. 将中间部分修饰成半圆。

7~10. 用中号 V 形戳刀将中间部分层层戳出花蕊，每戳一层就用平刀修圆材料再戳，直到中心没材料为止。

11. 用拉线刀给每个花瓣戳出纹路。

月季花

花朵制作步骤：

　　1~4. 南瓜取端部一截，修成半球形，在侧面片出薄薄的圆形作为花瓣。

　　5~6. 继续削除废料，再片出花瓣，相邻花瓣之间有一定重叠。如此一直雕刻到中心。

　　7~9. 将中间部分修饰成半圆，切出花瓣。

花朵材料：南瓜。

花朵材料：大白菜。

花朵制作步骤：

　　1~3. 用 V 形中号戳刀在白菜帮上戳出长条花瓣，戳好后拉断白菜叶，如此处理完外围两层的菜叶，然后将白菜横面切断。

　　4~8. 继续一层层地戳出花瓣，快到花心时换用小号的戳刀，直到将花心戳好。

　　9. 放在水中浸泡少许时间，让花瓣自然卷曲。

龙爪菊

花朵材料：南瓜。

花朵制作步骤：

1. 将一截南瓜修成半球形。

2~3. 用中号 V 形戳刀从上到下戳到底部，形成钩形的花瓣，如此完成最外层的花瓣。

4~6. 用平刀去一层废料，中间又成为光滑的半圆形状，再同法戳出花瓣，如此一层层戳到中心，注意中心的几层花瓣要细一些。最后用水浸泡定型。

睡菊

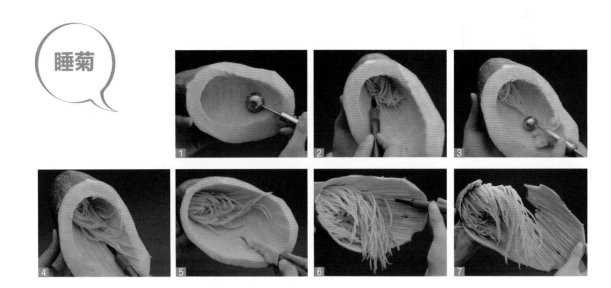

花朵制作步骤：

1. 斜刀切下一截南瓜，用挖球器将里面掏干净。

2. 用小号 V 形戳线刀在南瓜里戳一周，成为菊花心部的花瓣。

3~4. 用挖球器将刚才戳花瓣留下的痕迹刮平，然后再用 V 形戳刀戳出第 2 层。

5~6. 用平刀将戳花瓣留下的痕迹刮平，再用 V 形戳刀戳出第 3 层。

7. 戳完后将外壳去除。

花朵材料：南瓜。

牡丹

1. 花朵

制作步骤:

1~3. 将白萝卜或心里美萝卜切取一半，从根部起刀分割出 5 面，用雕刻刀尖给每面划出弧形纹，然后慢慢片出第 1 层花瓣。

4~5. 在每两个花瓣之间的棱角部位弧形切一刀去掉废料，然后同法雕刻第 2 层。

6. 同法雕刻第 3 层、第 4 层花瓣。

7. 将雕刻第 4 层后剩下的中心材料用挖球器挖掉不要。

8~10. 取胡萝卜剖开，用最小号的剔线细拉刀连续戳出细线，再切短，然后塞进牡丹花心位置。

材料: 白萝卜或心里美萝卜，胡萝卜。

2. 叶片

材料： 心里美萝卜。

制作步骤：

    1~2. 在心里美萝卜上切出一个薄片，削薄。

    3. 用双线拉刀刻画出叶子的脉络。

    4~6. 切割出叶片外形。

花朵材料：南瓜、胡萝卜，或心里美萝卜、青萝卜。

花朵制作步骤:

1~3. 在胡萝卜断面上划出细密网线,然后掏出圆粒,嵌在一截南瓜材料中心作为花蕊。

4~5. 用最小号的 V 形戳刀靠近花蕊戳出一层花瓣,然后向外层层雕刻。

6. 削出圆球形轮廓。

7~10. 换用更大号的 V 形戳刀,继续层层雕刻花瓣。

1. 花朵

材料: 南瓜、白萝卜、胡萝卜。

制作步骤:

1~2. 将一截南瓜的侧面大体削出 5 个平面, 再在棱角的顶部修饰, 形成花瓣的大体轮廓。

3. 将花瓣削出, 不要切断。

4~8. 用同样的方法做出第 2、3 层花瓣, 注意每层花瓣之间要错开。

9~10. 用小号 V 形戳刀在花心材料周围戳出丝, 然后用挖球器挖掉中间部分。

11~14. 取一小截白萝卜, 修成莲蓬的形状, 并用圆形条拉刀在顶部挖坑。

15~16. 用圆形条拉刀在胡萝卜上挖出小球, 镶嵌在莲蓬上。

17. 装上莲蓬。

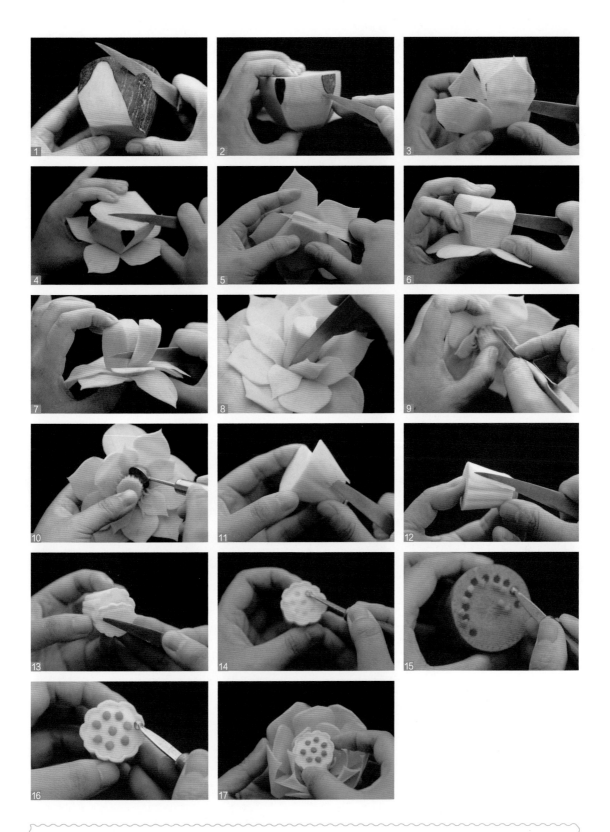

2. 叶

材料： 西瓜皮。

制作步骤：

1~3. 切一片西瓜皮，片薄。

4. 用双线拉刀划出叶脉。

5~7. 将荷叶边缘进一步片薄，然后卷起，形成卷曲效果。

3. 茎

材料： 大葱、竹签。

制作步骤：

1. 取大葱里面的细管，串入竹签。

2. 插上荷叶或荷花。

睡莲

花朵材料： 南瓜、白萝卜、胡萝卜、黄瓜。

花朵制作步骤：

　　1~2. 用 V 形戳刀在南瓜切面上分出 8 等份，用刀尖绕着外缘刻画出花瓣上部的线条。

　　3~4. 从侧面平行进刀，绕着中心旋转切出一层，再从断面边缘斜向下进刀，绕着中心旋转切一圈，然后剔除废料。

　　5~8. 用类似手法分别刻出第 2 层、第 3 层和第 4 层。

　　9~10. 雕刻第 5 层时，刀在剩余的材料表面垂直切入，旋转去除废料，形成莲蓬的轮廓，再切扁一些。

　　11~12. 取黄瓜皮修圆，粘在花的中心上。

　　13~15. 在胡萝卜侧面先切一刀，然后用小号 V 形戳刀向着切痕戳出丝，最后分离下来，镶嵌在花心周围。

马蹄莲

花朵材料：白萝卜、胡萝卜。

花朵制作步骤：

1. 取白萝卜的端部，用平刀雕刻出马蹄莲的大体轮廓。

2~4. 用中号戳刀戳除废料，形成向外翻开的花瓣。

5. 用胡萝卜雕出马蹄莲的花蕊。

6. 将白色花体的内部掏空，插入花心。

第五章
用蔬果做
Q 版造型

一 分步实例

大肚精灵

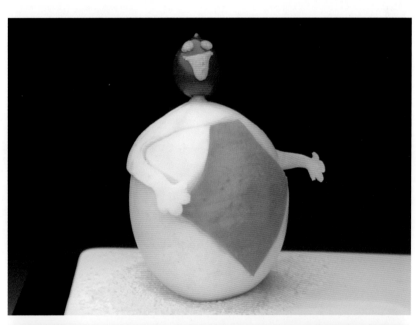

材料：小香瓜、胡萝卜、
小西红柿。

造型变化：可以改变精
灵的手臂、
头部方向，
形成各种姿
势。

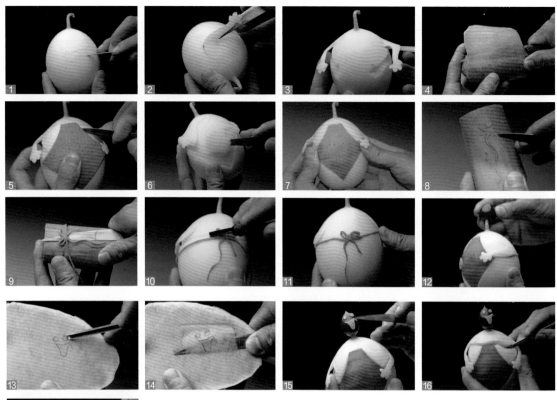

制作步骤：

1~3. 在小香瓜上用刀尖刻画出精灵的两只双臂，然后慢慢剔起来。

4~7. 用胡萝卜片出一张薄片，剪成肚兜状，而后在香瓜上剔除相同大小的瓜皮，然后把肚兜贴上去。

8~11. 在胡萝卜上刻画出系绳模样，用刀片下，再用 V 形戳刀在香瓜体上戳出槽沟，把系绳嵌入。

12. 取小西红柿插在瓜蒂上做头。

13~15. 在南瓜上刻出嘴和眼睛的形状，片下后取出，粘在头上。

16~18. 将精灵身体切开起盖，用挖球器掏出果瓤形成器皿，可装入菜肴或酱料。

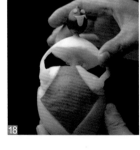

老来俏

制作步骤：

1. 选一个小的猴头菇，切去顶部绒毛用作人的面部，再简单修出胡子、头发的形状。

2. 用菜叶刻出人的眼睛和嘴，粘在猴头菇上。

3. 用牙签把头部插在红李上。

4. 切取樱桃的上面一小部分，放在头部作为帽子。

材料： 猴头菇、菜叶、红李、樱桃、牙签。

三　作品赏析

哥俩好

材料： 橙子、仿真眼睛。

制作要点：

事先用笔在橙子表面勾画眼睛、嘴巴、手臂等，然后用刻刀沿着画好的线条刻划。兔子的耳朵制作时单独取橙块切丫去瓤，再在皮内侧片出薄片、往一方卷起，最后用牙签将耳朵固定并插在头部。

小蜜蜂

材料：橙子、柠檬、白菜、小葱。

制作要点：

取一大片白菜叶子，用小刻刀顺着上面的根茎纹路刻出蜜蜂的翅膀，最后用牙签将翅膀插在事先刻好的蜜蜂躯体上。

章鱼宝宝

材料：橘子、菜叶、仿真眼睛等。

制作要点：

先将橘子皮对称切成多瓣形——注意在根部不要切断，然后将果皮与果肉分离拨开；然后再在每一瓣上切两刀，再往中间对折，做成造型。最后在果肉上切割一刀作为嘴巴，上方装上仿真眼睛，顶端插上绿色小菜叶即成。

猫咪

材料：白萝卜、橙子。

制作要点：

先将白萝卜切出3厘米厚的一片，然后用刻刀通过浮雕、镂空雕的手法刻出小猫咪的造型。将橙子用瓜雕勾刀在表面沿螺线戳出长长的连续线条，做成毛线球的样子，摆放在猫咪旁边即可。

亲密爱人

材料: 芒果、竹签、仿真眼睛。

制作要点:

选择接近海豚形体的芒果,用小刻刀分别刻出海豚的嘴巴和身体两侧的鳍翼。在鼻子区域用U形戳刀戳一小块三角形后掀起作为鼻头。将竹签折撕开,获得细的丝,插在鼻子附近作为触须。最后插上仿真眼睛即可。

伴

材料: 白菜、西蓝花、菜花、柿子椒、橙子、仿真眼睛、心里美萝卜。

制作要点:

本作品可以灵活利用各种蔬果随意搭配。将白菜、橙子稍微雕刻形成手、肚子等形态,在头上用仿真眼睛、萝卜做成眼睛,最后用牙签固定插在一起。

火龙鱼

材料: 火龙果、仿真眼睛、白萝卜(小片)等。

制作要点:

挑选两个火龙果,不用做太多的修饰加工,分别点上眼睛即可成为游动的鱼。

材料： 草莓、茄子。

制作要点：

选一颗草莓做脑袋，用茄子皮刻画出眼睛、嘴巴，粘贴在草莓表面上即可。身子部位是使用半条茄子，在上面用小刻刀刻画出双臂等。最后将草莓脑袋用牙签插上固定。

牵手

材料： 红苹果、黑豆。

制作要点：

取一大一小的两颗苹果分别做身体和脑袋。做头部时，将苹果侧面切掉如钱币大小的一块，用小号圆口戳刀戳出两个鼻孔。手的部位可以另取原料，用小刻刀分别刻画出来，最后分别用牙签进行组合固定。眼睛可以用花椒籽、黑豆等进行装点。

一 分步实例

游鱼

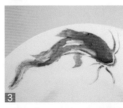

材料：绿茶粉、浓缩橙汁。

制作步骤：

1~3. 取少许绿茶粉用温水调和成墨水状，然后用刀把大葱削为画笔形状，蘸绿茶粉汁画出游鱼。

4~5. 另取瓶装浓缩橙汁，用牙签画出水纹、水泡作为点缀。

游虾

制作步骤：

1~2.用巧克力酱壶画出游虾的图案，风格简洁写意，注意画线要快速流畅，否则线条会粗细不均。

3~4.用绿色的果酱在盘子上点出几滴，再用牙签分别在各滴上划出线条作为水草装饰。

5~6.用土豆泥捏成小球状作为小卵石点缀。

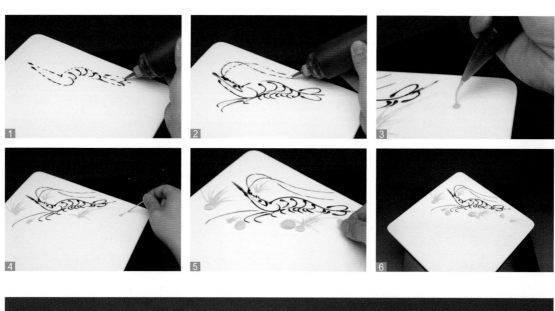

材料： 巧克力酱、果酱、土豆泥。

青鸟

材料：各色果酱。

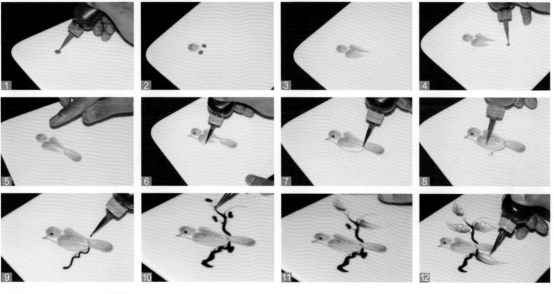

制作步骤：

　　1~5. 拿蓝色的果酱瓶在盘子适当位置分别点上大小各异的几个点，然后分别用食指尖抹一下，成为鸟的头部、身子、尾巴的轮廓。

　　6~8. 用黑色果酱画出鸟的喙、眼、腹部线条、羽毛细节、爪子等，用黄色果酱填腹部。

　　9~13. 用黑色果酱、墨绿色果酱画出树干、树叶等。最后用红色果酱点缀树干形成类似莓果的效果。

牵牛花

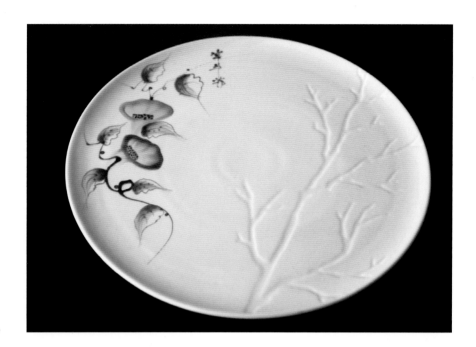

材料：各色果酱。

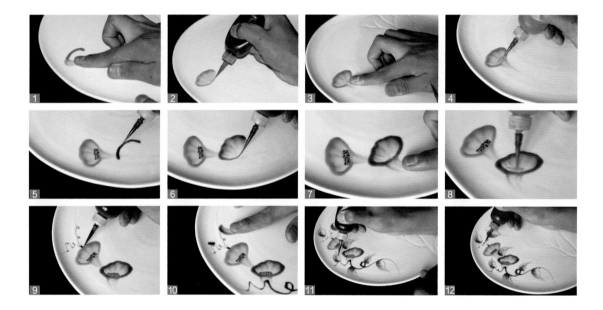

制作步骤：

　　1~3. 用蓝色果酱画出花的上轮廓线，然后用手指抹出花瓣。

　　4. 用黄色果酱画出花蕊。

　　5~8. 用紫色果酱在花蕊里点出蕊头。另外再用类似方法画紫色的花朵。

　　9~11. 用黑色果酱画出花的枝干（线条一定要流畅自然），再用墨绿色果酱挤出后抹成叶子，再用黑色果酱画叶脉。

　　12. 用红色果酱点缀在枝条上。

金花四溅

材料：巧克力酱、果酱、草莓叶瓣。

制作要点：

控制挤酱力度和画线速度来产生虚实相间的线条。

印花

材料：果酱、巧克力酱、康乃馨花瓣。

制作要点：

用萝卜刻出图形，而后蘸果酱在盘上直接印出花瓣。

晨

材料：巧克力酱、加色果酱。

制作要点：

以简洁的色彩和线条图案来表现晨曦。

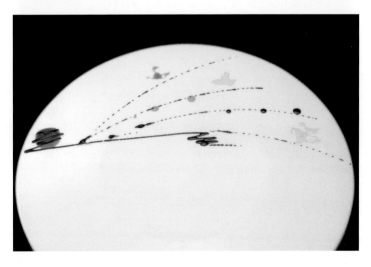

红绿相间

材料：果酱、樱桃。

制作要点：

先用果酱拉线壶在盘子上画出两道相反的S形线条，然后用红、蓝、紫3种颜色在3个岛区进行填充。最后用红、绿樱桃进行点缀即可。

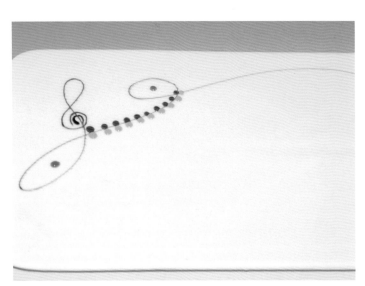

线条

材料：果酱。

制作要点：

用果酱画线笔画出好似音符的线条图案，然后用红、绿、蓝颜色进行点缀。

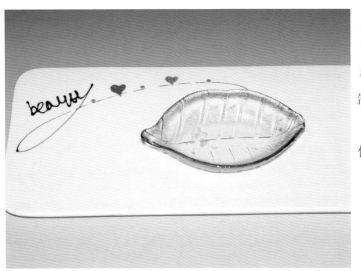

幸福

材料：果酱。

制作要点：

用果酱画线笔在盘子适当部位进行书写、装饰即可。

绿叶

材料：果酱。

制作要点：

　　用果酱画线笔画出树叶等的轮廓、线条，然后在树叶轮廓里挤出绿色果酱，再用手指抹开。

华清

材料：果酱。

制作要点：

　　用果酱画线笔画出枝条等的图案。然后用红色果酱分别在适当位置点上两个点，再用手指头轻轻地、对称地下滑，画出红心图案。

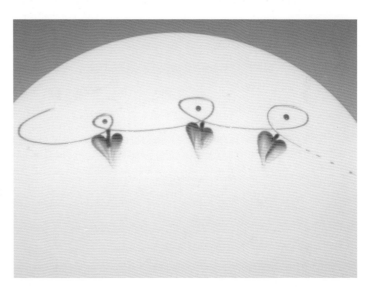

樱桃

材料：果酱。

制作要点：

　　先在盘子一侧用红、橙、紫色果酱分别点上几滴作为小果实，然后再画上树枝和树叶即可。

江南

材料： 果酱。

制作要点：

先用咖啡色果酱画出苍劲有力的梅花树干，然后用红色果酱在上面自然地点、抹形成梅花图案。用蓝色果酱在下面随意勾勒出长条表示江南的水流。最后写上书法字体即可。

柳燕

材料： 绿茶粉、果酱。

制作要点：

将绿茶粉加水调和作为颜料。掌握燕子高空飞行的状态是绘画的关键所在。

蝶饰

材料： 果酱、巧克力酱。

制作要点：

首先用巧克力酱画出简单的蝴蝶轮廓，然后用红色果酱进行填充即可。

争游

材料：绿茶粉、果酱。

制作要点：

取一段大葱白，用小刀削出笔头的形状；将绿茶粉加水调和成颜料；将大葱笔蘸绿颜料在盘子一侧画出两条游动的鱼。最后用黄色果酱在下面画出水的波纹即可。

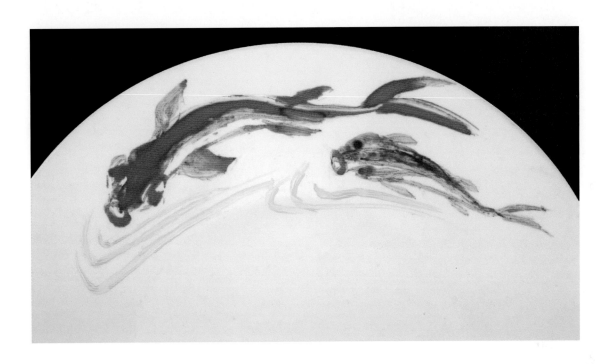

第七章
综合材料
盘饰

一 分步实例

干杯

材料：巧克力酱、芒果、生菜丝、辣椒丝、沙拉酱、薄荷叶、小西红柿、果酱。

制作步骤：

1~2.用巧克力酱画出英文"Cheers"（干杯）。将芒果切片摆放在旁边。

3.将生菜切成特别细的丝，用凉水浸泡，捞出沥干水，摆放在芒果片上。再用辣椒丝点缀。

4~6.在生菜上面挤出网状沙拉酱，用薄荷叶和小西红柿点缀。

7~8.最后用果酱润色英文字母。

事事
如意

材料： 巧克力酱、果酱、山药、小西红柿、薄荷叶。

制作步骤：

在盘子上画出巧克力酱线条图案，在旁边摆放山药如意丁和小西红柿，用草莓酱、薄荷叶等点缀。

本例创意是受山药材料经刀工处理成"如意丁"的启发，结合小西红柿的谐音，而创作出"事事如意"的主题盘饰。

芸泥
新苗

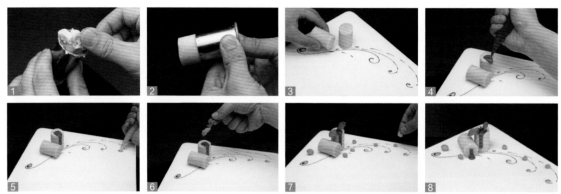

制作步骤:

　　1~2.将芸豆加糖煮熟后,剥皮捣成泥状,用模具做出圆柱状,既可成为一道菜品又可作为盘饰材料。

　　3~8.用巧克力酱和果酱在盘子上画出线条图案,在图案上摆放两个芸豆泥圆柱,在每个圆柱上挤一点红色的果酱,而后插上薄荷叶,周边点缀芥兰片。

材料: 巧克力酱、果酱、芸豆泥、芥兰、薄荷叶。

材料：南瓜、莲藕、石竹梅、车厘子、巧克力酱。

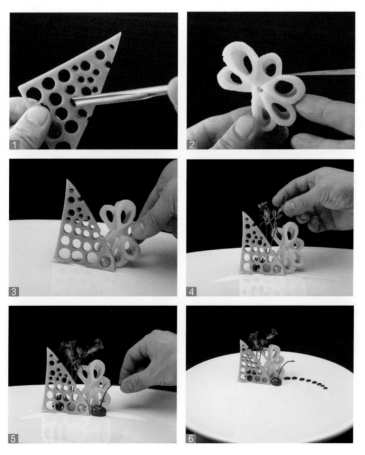

制作步骤：

　　1~3.取南瓜片用刀切出三角形，利用圆口雕刻戳刀在南瓜片上戳出圆孔，再取莲藕切出大的藕片，利用原有的藕孔，用雕刻刀修出藕的边缘，然后分别把修饰好的南瓜片与藕片摆放在盘子旁。

　　4~6.将两朵石竹梅插在南瓜片和藕片之间，将车厘子切平底部放在下面作点缀，再用巧克力酱汁在盘子上点出一行小点。

材料： 南瓜、红干枝梅、情人草、红提子、芒叶、法香、小葱。

制作步骤：

    1~4. 用刀将南瓜切出一片，再切成梯形状，然后用戳刀在南瓜片上戳出大小不等的圆孔，将南瓜片折成圆筒形，用牙签固定摆放在盘子上，将小枝干枝梅、小葱、情人草插在里面。

    5~8. 取两颗红提子，用雕刻刀在皮表面划出十字形，剥开果皮，而后摆放在花筒旁边，用芒叶和法香点缀。

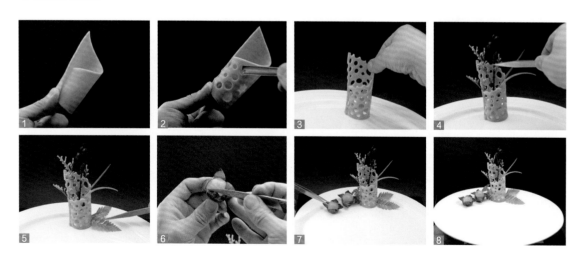

闻香

制作步骤：

1~5. 将蟹味菇根部切平，放在盘头边摆放成假山状，下面用法香等菜叶作为小草点缀，然后用红色和黄色小玫瑰分别插在假山周围。

6~10. 取荷兰豆剥去皮，将豆籽用牙签串联作为蜻蜓躯干，将豆皮作蜻蜓翅膀分别粘合在身子两侧。蜻蜓完全做好后用小牙签固定在假山上。

材料： 蟹味菇、荷兰豆、小玫瑰、情人草、法香。

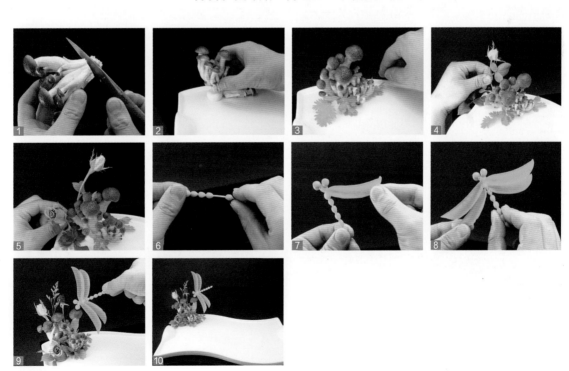

暗香

制作步骤：

1.将白萝卜削成圆球，用挖球器将球内部掏空，再用圆口戳刀戳出孔洞。

2~4.取澄面一块放在盘子一角，插入芒叶、小菊、玫瑰花和蓝梅等，左边用法香围出半圆。

5~6.放上点燃的蜡烛，将刻好的萝卜球套在蜡烛上。

材料： 白萝卜、玫瑰、芒叶、蓝梅、小菊、法香、蜡烛、澄面。

材料：洋葱、蒜薹、康乃馨、黑橄榄、法香、情人草、小葱。

制作步骤：

1~2. 取一瓣洋葱，以圆口戳刀在上面戳出圆孔，竖起摆放在盘子上。

3~5. 取一截蒜薹用小刀斜切多刀，浸水卷曲后和康乃馨、法香、情人草、黑橄榄片一起摆放。

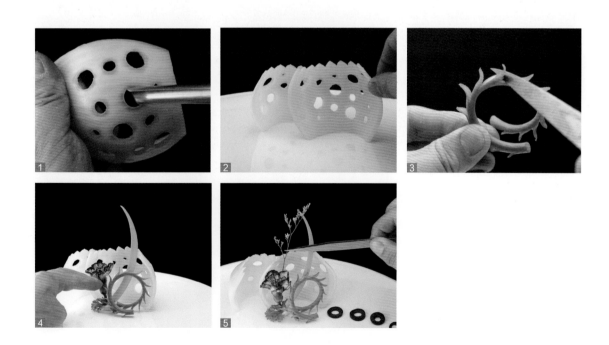

万物
葱郁

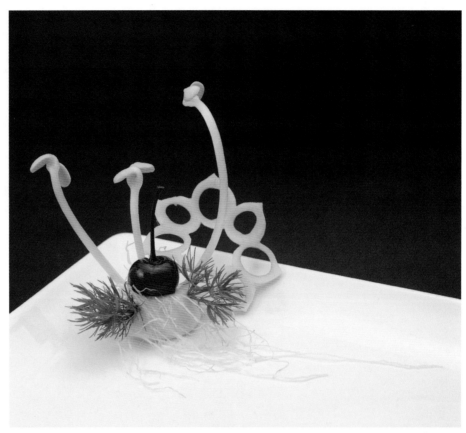

材料：豆芽、车厘子、莲藕、蓬莱松、大葱、澄面。

制作步骤：

　　1~2. 捏澄面一小块放在盘子一角，取大葱根须散放在周围，再用三根豆芽依次插在上面。

　　3~6. 取藕切出一片，用雕刻刀沿藕片里的小孔切割出花瓣状，将藕片和蓬莱松、车厘子一起插在澄面上的豆芽边。

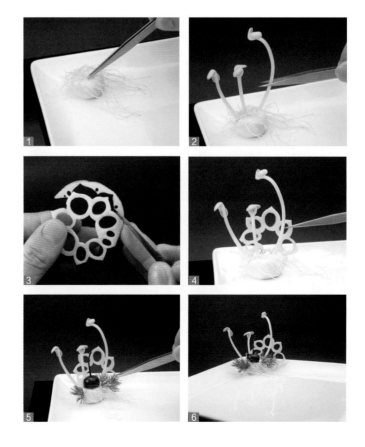

制作步骤：

1~2. 将调好色的奶油装进裱花袋，在盘子一角将奶油挤出，做成波浪形，再用一块巧克力配件插在奶油上。

3~6. 在巧克力配件后面挤出小堆黄色奶油，上面插上油炸后的意大利面，以芒叶点缀。

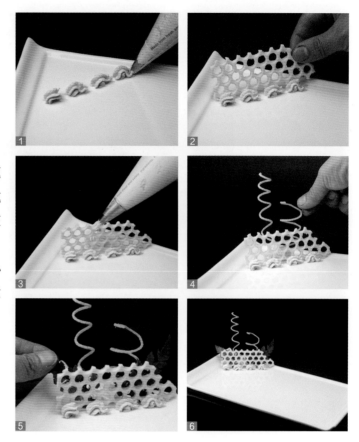

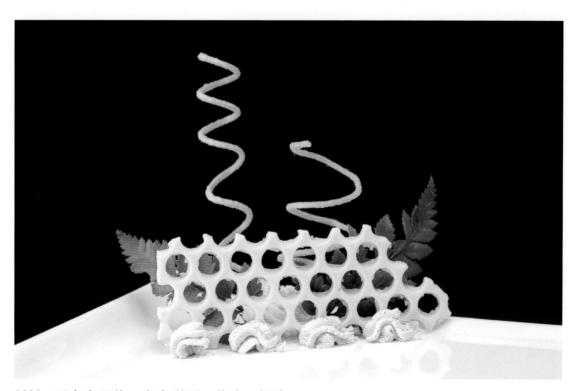

材料： 巧克力配件、意大利面、芒叶、奶油。

材料：黄瓜、巧克力配件、小玫瑰、情人草、蓝梅、小菊、澄面。

制作步骤：

1~4.将制作好的巧克力配件用澄面固定在盘子边缘，然后插上小玫瑰、情人草、蓝梅、小菊。

5~8.取半截黄瓜，用圆口戳刀戳出小的圆孔，然后用刀片将瓜皮切下，绕插花的澄面围起来。

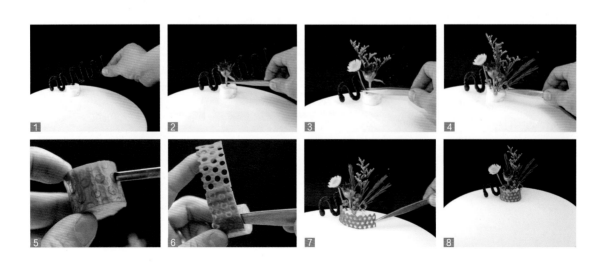

椰岛风情

材料： 椰子、巴西木叶、食盐、椰汁、
　　　　橙汁、色素、八角、杨桃等。

制作步骤：

1.将食盐加热调色，按不同色
分别装在挤壶里，从内到外逐层洒
为圆饼状。

2~3.将椰子锯开倒出椰汁，将
椰壳放在"盐饼"上，然后将椰汁
和橙汁勾兑混合倒在椰壳里。

4~6.取巴西木叶一张，一头卷
起包裹一颗小西红柿，以牙签串起
放在椰壳里面。再将杨桃切片，中
间用小葱套起放在椰壳里，最后在
"盐饼"上放上八角、花椒。

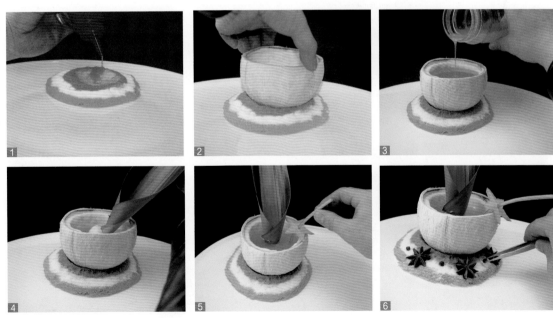

材料：茭白、薄饼、车厘子、法香、彩椒。

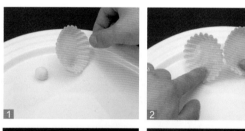

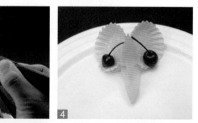

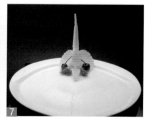

制作步骤：

1~2. 先将薄饼用模具挤压、油炸定型，分别摆放在盘子上。

3~7. 取黄彩椒一瓣，用小刀片切离外皮并掀起，然后和茭白、车厘子、法香分别摆放装饰。

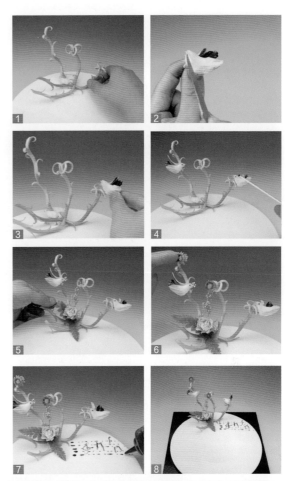

制作步骤：

1. 将蒜薹切花刀，用水浸泡后以澄面架起在盘子上作为树枝。

2~6. 取两朵兰花，依据其本身形态简单刻出小鸟的嘴巴，分别插在"树枝"上，然后用小菊、芒叶点缀作为花朵和树叶。

7~8. 用巧克力酱在"树"下画出音符即可。

材料： 蒜薹、兰花、芒叶、巧克力酱、小菊、澄面。

材料：胡萝卜、干枝梅、蓝梅、法香、车厘子、紫番薯、澄面。

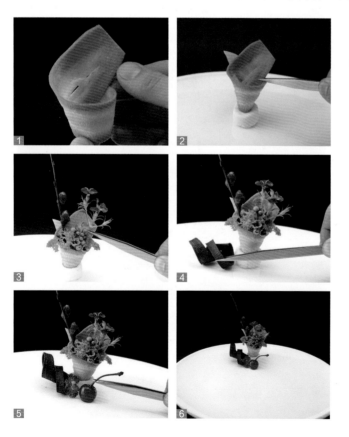

紫气
东来

制作步骤：

1~3.用刨皮刀削出胡萝卜片，将胡萝卜片打卷插在澄面团上，再插上法香、蓝梅、干枝梅。

4~6.刨取紫番薯皮，切条，油炸至自然卷曲，和车厘子一起摆放在"花篮"下面。

制作步骤：

1~3.取一颗大的菜椒，在中间部位用小刀切割出锯齿状，去除上半部，然后再将锯齿处的表皮与果肉分离，用水浸泡后即同一朵大红花。

4~8.用小号圆口戳刀在中间花心部位戳出小圆孔，把三根切成半截的蒜薹分别插在花心，一同摆在盘子上，再取荷兰豆用梳子花刀切好放在彩椒下面。

材料：菜椒、蒜薹、蓬莱松、荷兰豆。

果实

材料： 网皮、芒叶、小菊、小玫瑰、小樱桃、青豆、黑橄榄、紫番薯、澄面。

制作步骤：

1~2. 将一块澄面团放在盘子上，取芒叶数片插在其周围呈扇形，再在澄面团上插小菊、小玫瑰等。

3~8. 拿网皮一张用剪刀剪出扇形，再对折卷成锥形，用意大利面棒串起固定，摆放在花束旁。然后将紫番薯切为如意丁状，和青豆、樱桃、黑橄榄一起洒在网皮卷成的锥口前。

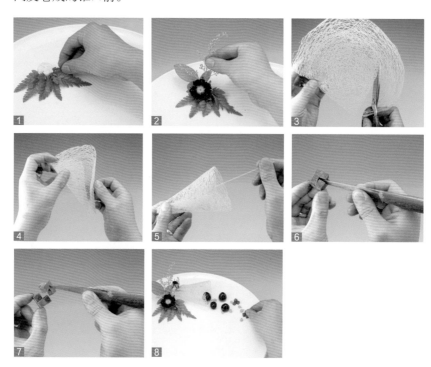

渡

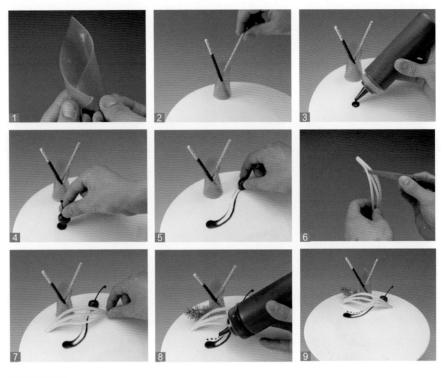

制作步骤：

　　1~2. 将加工好的琼脂片卷成筒状放在盘边，将两色巧克力装饰棒插在里面。

　　3~9. 用巧克力酱在一旁滴出圆点，用车厘子刮酱划出弧线，然后把修饰好的蒜薹用水浸泡后摆放在酱汁弧线上，再以蓬莱松点缀。

材料： 巧克力棒、琼脂、蒜薹、巧克力酱汁、车厘子、蓬莱松。

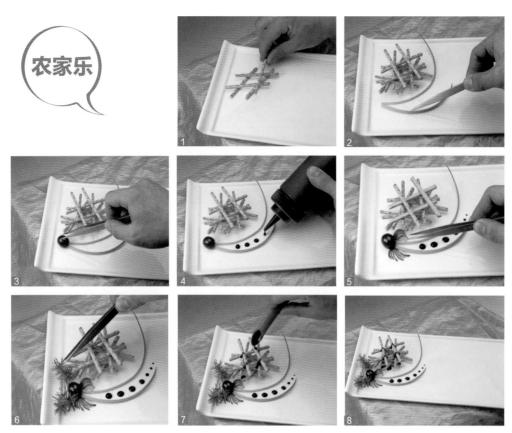

农家乐

制作步骤：

1. 将百奇饼干交错叠放在盘子上。

2~8. 添上各种材料，最后将草莓酱用葱叶淋在饼干上。

材料： 百奇饼干、小葱、蓬莱松、车厘子、巧克力酱、草莓酱、香菇。

天籁之音

材料：兰花、蒜薹、法香、黑橄榄、香椿叶、小菊。

制作步骤：

1~3.取一根蒜薹，在中间用小刀拉开小口，将蒜薹一头从小口穿过，另一头用牙签插住一朵花。

4.捏块澄面将蒜薹固定在盘子上，使花朵高昂朝向盘子中心。

5~7.用香椿叶、小菊、法香点缀，切两片黑橄榄套在蒜薹上。

材料： 面团、意大利面、法香、樱桃、干糖桂花、火龙果肉、艾素糖。

制作步骤：

1~4. 用面团把意大利面固定好，再用法香、樱桃、干糖桂花、火龙果肉等做装饰。

5~6. 把艾素糖熬化，待凉到一定温度后甩丝，而后整理线条。最后在盘面上用熔化的糖和糖粉装饰。

红蘑菇

制作步骤:

1.用绿色果酱在盘子上抹出草地。

2~3.将樱桃小萝卜用刀从中间切成两半,用U形小戳刀在表面戳出若干个小圆点,用小刀把圆点里面的红皮铲掉,成蘑菇帽。

4~5.将另一半小萝卜用U形戳刀戳出一小截圆柱状,作为蘑菇柄,用胶水或牙签与蘑菇帽固定。

6~7.用面团固定蘑菇。摆放蓬莱松。

材料:绿色果酱、樱桃小萝卜、蓬莱松。

材料：樱桃小萝卜、蓬莱松、面团、红色樱桃、果酱。

制作步骤：

　　1~2. 用主刀把樱桃小萝卜刻出小花形状。

　　3. 用面团把蓬莱松固定在盘子上。

　　4~6. 用果酱画出曲线、花瓣，注意颜色的搭配。

　　7. 安装刻好的樱桃萝卜花——可以通过包着绿皮的铁线固定在面团上；也可以用牙签斜插入花朵背面，再固定在面团上。一旁摆上红色樱桃。

材料：糖粉、红色樱桃、干藕片、蓬莱松、酸模叶、三色堇。

渔舟唱晚

制作步骤：

　　1~3.取黑色的盘子，放置两张白纸，把糖粉用过滤网均匀地撒在两张白纸中间，然后小心地将白纸取走。

　　4~6.放上红色樱桃、干藕片、蓬莱松、酸模叶和三色堇。

爱

材料：巧克力片、巧克力酱、
　　　绿茶粉、果酱。

制作要点：

　　利用巧克力材料本身的含义，
构造出"爱"的表达。

爱语

材料：巧克力酱、小菊花、果酱、
　　　枫叶花瓣。

制作要点：

　　英文字母周围用小的花朵和
果酱等点缀，产生浪漫氛围。

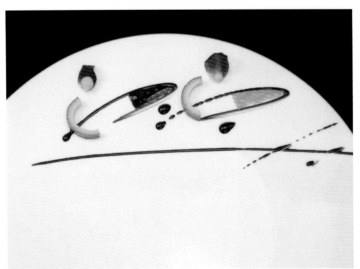

双鱼座

材料：巧克力酱、果酱、黄瓜、
　　　石竹梅花瓣。

制作要点：

　　构思时，将意象转化成抽象
简洁的图案。

东南飞

材料：芒叶、巧克力酱、樱桃、银珠。

制作要点：

利用简洁的线条和两片叶子来组成仙鹤展翅飞翔的模样。

甜心派对

材料：春笋、车厘子、巧克力酱、康乃馨。

制作要点：

取一长节春笋，从中间用小刀呈交叉锯齿状进刀分成两节，而后放在盘子上，在里面挤上巧克力酱。

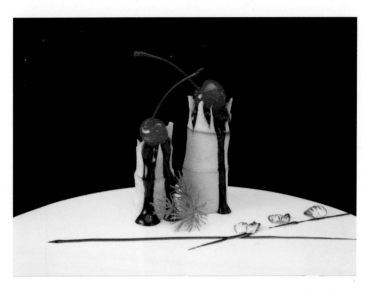

幸福倾倒

材料：草莓、奶油、巧克力插件、法香。

制作要点：

用裱花袋挤出奶油，在上面插上巧克力装饰配件。

兰竹菊

材料： 网纹吊兰叶、巧克力酱、
转运竹、粉玫瑰、小菊、
紫色勿忘我、澄面。

制作要点：

在盘子上挤出两滴巧克力酱，
用两节转运竹分别点在酱上慢慢
向一侧滑行，然后摆放在一侧。

轨迹

材料： 鸡蛋、黑橄榄、玫瑰花、
草莓酱、荷兰豆、柠檬果酱、
法香。

制作要点：

将煮熟的鸡蛋剥壳，用刀绕
蛋黄外围把蛋白割断，小心取出
蛋黄。

情投意合

材料： 巧克力、车厘子、韭薹、
菜心、黄色果冻、鱼子酱、
澄面。

制作要点：

将巧克力切碎，在小锅里熔
化后倒在转印纸（在西餐中应用
的巧克力造型专用纸，和不沾垫
类似）上，凝固后切出几何图形，
摆放在盘子上，下面采用澄面团
固定支撑。

心花

材料： 草莓、巧克力棒、巧克力酱、
奶油、法香。

制作要点：

（1）将巧克力熔化后倒在不
锈钢板上凉至凝固，然后用铲刀
慢慢地铲，即形成自然卷曲的装
饰配件。

（2）在盘面用裱花袋旋转着
挤出奶油。

桥

材料： 巧克力、草莓酱、巧克力
酱、银珠、迷你菊、鱼子酱、
哈密瓜。

制作要点：

用转印纸做好两个巧克力拱
桥，放在盘子上，用裱花袋在上
面均匀地挤出果酱，然后用银珠
点缀。

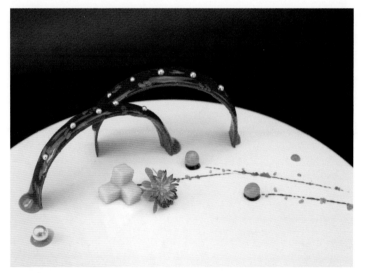

光环

材料： 巧克力、车厘子、韭薹、
苏叶、黄瓜、山楂皮、果酱、
红椒、芝麻、澄面。

制作要点：

在面粉中加入鸡蛋、黄油，
揉匀、擀皮、切条后，缠绕在不
锈钢圆形物体外围成圈，下锅低
温油炸稍许，起锅放凉成形。取
下后用果酱在外围挤一周，撒上
黑白芝麻，用澄面固定。

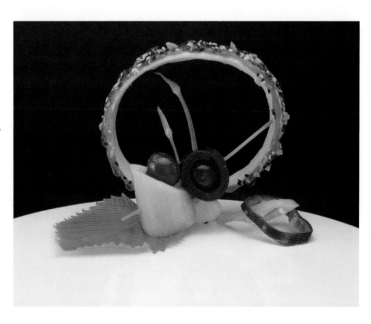

财源滚滚

材料: 寿司、睡莲花瓣、车厘子、
　　　巧克力酱、寿司醋、法香。

制作要点:

果酱线越细越好,关键是用
挤酱壶快速直线滑行,这样流出的
果酱才挺直细腻,注意线条间距离
不要太宽,以免占用太大空间。

海底争霸

材料: 海草、龙虾须、黑橄榄、
　　　车厘子、红椒、荷兰豆、
　　　可可粉、鱼子酱、苏叶。

制作要点:

(1)以苏叶铺垫,用食用海
草堆起小丘,用红椒丝、荷兰豆
点缀并撒上鱼子酱。

(2)取龙虾的两根触角的细
的部位,分别串上黑橄榄、车厘
子和荷兰豆并进行摆放,用可可
粉在下面点缀。

爱情方舟

材料: 巧克力、车厘子、倩竹叶。

制作要点:

方舟的做法是将巧克力块放
在锅里熔化,薄薄地在转印纸上
倒一层,待稍微凉后用刀切出方
形,将四角折起定型,然后撕掉
转印纸。巧克力树叶的做法可以
使用模具;也可以将熔化的巧克
力倒在树叶上,待巧克力稍凝固
后取出树叶,撕掉即可。

游

材料： 巧克力装饰片、车厘子、
果酱、巧克力酱、法香。

制作要点：

巧克力装饰片用少许澄面团
固定。将车厘子用刀切出一小平面，
放在挤出的果酱点上轻轻滑动。

爱神之箭

材料： 糖粉、淀粉、澄面团、芒叶、
钢针草、玫瑰粉、巧克力酱。

制作要点：

（1）将糖粉和淀粉按体积比
例 7：3 混合，添加凝胶片少许，
用水糅合成软面，再摊出薄片，用
心形模具切割，风干。

（2）取玫瑰花瓣，在烤箱内
以面火 80℃、底火 50℃烤干，拿
出后用手搓碎成粉，在盘子上自由
淋洒。

爱你的心

材料： 圣女果、生菜、巧克力酱、
甜蜜豆、薄荷叶。

制作要点：

将生菜切成细丝，用清水浸
泡。用巧克力酱在盘子中画线装
饰。将生菜丝从水里捞出，放在
干毛巾上稍微吸干，而后放在盘
中堆坨。再用其他材料适当摆放
即可。

夜光

材料：巧克力酱、小菊、满天星、
  芒叶、南瓜、果酱、澄面。

制作要点：

　　彩色夜光部分是用各色的果
酱汁，按顺序重叠挤在盘子上，
每点一滴就用手指划开呈现薄薄
的一片，然后在边缘再点一滴其
他色果酱，再用手指划开。

田埂

材料：巧克力插件、奶油、草莓、
  苦菊、玉米粒。

制作要点：

　　用纸铺在盘子上，露出盘子
的一角，用过滤罩撒出绿茶粉，
再取走纸。

一帆风顺

材料：白薯、法香、奶油、黑橄榄、
  圣女果、绿茶粉。

制作要点：

　　将白薯切出薄片，用小刀划
出造型,在烘干机上烘干即可待用。

火焰

材料： 橙子片、奶油、苦菊、巧
克力酱、果酱、黑橄榄、
苋菜。

制作要点：

　　事先在盘子上用巧克力酱画
出图案，再进行立体摆放。

旭日

材料： 橙子烘干片、巧克力酱、
巧克力、奶油、薄荷叶、
草莓、珍珠草、菊花瓣。

制作要点：

　　将巧克力熔化后倒在球形食
品模具里，待凉凝固取出即可。

释放

材料： 草莓、橙子、苦菊、黑橄榄、
姜芽。

制作要点：

　　将橙子切片，在烘干机或烤
箱里烘干。

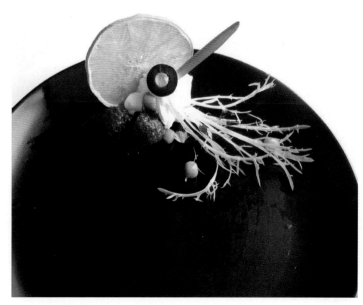

韵

材料： 巧克力酱、香椿苗、奶油、
　　　　花瓣、玉米片。

制作要点：

　　用玉米渣粉加鸡蛋调和成糊
状，压出小片，在烘干机上烤干，
即可用于点缀。

爱心永驻

材料： 铜钱草、剑叶、月季、百
　　　　合花蕊、澄面。

制作要点：

　　取剑叶用剪刀剪出两边尖形
的长条，对折后和月季花一起用
牙签插在面团上。

爱的方舟

材料： 挂面、海苔、蛋清、蓬莱松、
　　　　小玫瑰、情人草、鱼子酱、
　　　　澄面。

制作要点：

　　取挂面十几根成一束并切成
10厘米长，两端用蛋清和海苔粘
连缠绕住，放在油锅里用低温炸，
炸时用竹签把挂面从中间往两边
分开，定型后即可出锅。

春之歌

材料： 黄瓜、兰花、车厘子、
　　　蓬莱松、巧克力酱。

制作要点：

（1）利用兰花原本的花朵形
体，用刻刀削出鸟嘴，再用酱汁
点上眼睛即成小鸟。

（2）切一长片黄瓜，再分别
从两端划两刀，然后将两侧的瓜
条抬起并交叉，再用水浸泡定型。

连年有余

材料： 胡萝卜、铜钱草、紫菊、
　　　澄面、巧克力酱、情人梅、
　　　康乃馨。

制作要点：

（1）用澄面塑一个莲藕造型，
每节之间用巧克力酱点缀。

（2）将胡萝卜片用雕刻刀刻
画出传统的剪纸特色的小鲤鱼形
状，和其他的花草一起插在莲藕上。

黑白地标

材料： 青笋、苏子叶、蓝莓、龟
　　　苓膏、豆腐、鱼子、淮盐、
　　　红椒丝、豆苗、澄面。

制作要点：

（1）切一长片青笋，用小号
圆口戳刀等工具刻出各种抽象的
几何图形，用澄面立起固定，再
插上苏子叶和蓝莓。

（2）将龟苓粉用开水冲开搅
匀，倒在冰块模具里放凉凝固后
取出即可。

秋实

材料： 西瓜皮、大葱须、蓬莱松、
巧克力酱、鱼子酱、车厘子、
蒜、澄面。

制作要点：

将西瓜皮用刻刀画线分开（注
意落刀不要到底，使西瓜皮能够
连贯），然后对折卷曲，和大葱须、
车厘子一起用牙签插在下面的澄
面团上。用鱼子酱点缀。

果实

材料： 蒜薹、芒叶、小菊、车厘子、
情人草、蝴蝶兰、澄面。

制作要点：

蒜薹先用小刀沿着茎向劈开
一条长缝，然后再横向斜切出多个
锯齿状，用水浸泡后即自然弯曲。

玉豆紫帆

材料： 紫薯、胡萝卜、荷兰豆、
蓬莱松、法香、小黄菊、
心里美萝卜、澄面团。

制作要点：

紫薯切片后用小刀拉出造型，
放在低温油锅里慢慢油炸，出锅
放凉即可。

舞动

材料：蒜薹、南瓜、芒叶、剑叶、
车厘子。

制作要点：

在蒜薹表皮用小刀切出深度
不一的切口，放在水中浸泡便自
然卷曲成型。

绣球

材料：紫甘蓝、樱桃小萝卜、小
菊花、法香、石松、心里
美萝卜。

制作要点：

（1）将樱桃小萝卜用刻刀刻
成绣球状。

（2）将紫甘蓝用剪刀顺着它
的叶茎纹路剪出锯齿状。

（3）固定时，先取一片心里
美萝卜垫底，上面放澄面团，将
樱桃小萝卜用牙签串起，再插在
澄面团上，澄面团周围插上紫甘
蓝、石松、小菊花、法香。

蔬鲜驿站

材料：紫甘蓝、芒果、土豆丝、
黑橄榄、哈密瓜、木瓜、
果酱、苦菊。

制作要点：

（1）取一紫甘蓝叶用刀修出
半圆形状，作为盛器。

（2）将半颗芒果的皮插在背
景里。

（3）将哈密瓜、木瓜取肉切
丁，和黑橄榄一起放入盛器，再
挤些果酱点缀。插上苦菊。

食客来

材料：西瓜、巧克力酱、面包糠、
　　　蚕豆。

制作要点：

　　将西餐叉放在盘子上，在上
面撒面包糠，慢慢取出叉子。

时蔬可餐

材料：澄面团、猕猴桃、食用海草、
　　　紫甘蓝叶、车厘子、青豆、
　　　巧克力酱、鱼子、黑橄榄。

制作要点：

　　（1）将紫甘蓝叶用刀切出长
条，在盘面用澄面粘牢固。

　　（2）将猕猴桃切出一片，再
过圆心切开大半，扭转摆在盘子上。

果蔬汇

材料：山楂卷、迷你小白菜、果酱、
　　　青笋、黑橄榄、紫橄榄叶、
　　　红椒丝、薄荷叶。

制作要点：

　　（1）将青笋切出数个厚片，
交错摆放。

　　（2）摘取小白菜叶摆在盘上，
再挤上果酱以粘连、点缀。

　　（3）将山楂卷切出一条线随
意摆放。

　　（4）将山楂卷用牙签插在青
笋上。

起航

材料： 芋头、奶油、巧克力酱、
果酱、薄荷叶、圣女果、
菊花瓣、苦菊。

制作要点：

　　将芋头切薄片，用小刀划出
想要的造型，放在低温的油锅里
炸定型。

快乐的轨迹

材料： 草莓、苦菊、黄瓜、黄桃、
薄荷叶、巧克力酱。

制作要点：

　　用挤酱壶装巧克力酱均匀连
续地在盘子上画出细线，然后在
上面摆放其他材料。

福

材料： 玫瑰、茄子皮、南瓜。

制作要点：

　　（1）取玫瑰花一朵，用刀切
去一半，放在盘子上。

　　（2）切取薄的茄子皮一片，
用雕刻刀刻画出"福"字。取南
瓜片用刀刻画出装饰穗，再用大
小圆口戳刀戳出大小不一的圆片，
摆放成链。

春芽

材料： 胡萝卜、青萝卜、小西红柿、
芒叶、满天星、澄面等。

制作要点：

首先用菜刀分别将胡萝卜和
青萝卜原料切出厚2厘米左右的
片，然后用小刻刀分别刻画出类
似树叶的装饰品，用牙签组合固
定，插在澄面团上。最后用芒叶
和满天星小花等进行装饰。

猫仔

材料： 白萝卜、青萝卜、心里美
萝卜、胡萝卜、巧克力酱、
鱼子、蓝玫枝。

制作要点：

三个拱桥用牙签互相串起，
以免不稳倒下。

QQ

材料： 胡萝卜、巧克力酱、食盐、
小花叶。

制作要点：

剪纸图案的企鹅造型可爱精
巧、简洁明了。下面可洒些食盐、
生粉等做雪地情景。企鹅下面要
用一点澄面粘牢固定。

夕照

材料：南瓜、月季、荷兰豆籽、
小玫瑰。

制作要点：

下面用南瓜切成金字塔形状
作底托，粘连摆放。

春色

材料：西瓜皮、巧克力棒、芒叶、
巧克力酱、果酱、樱桃等。

制作要点：

取一西瓜皮，用刀片出2厘
米宽的长方形薄片，用刻刀在里
面沿着与短边平行的方向切割多
道痕但保留两长边不断，然后将
瓜皮沿着长边对折后插上牙签固
定，这样就成为桶形，然后把巧
克力棒穿插进去摆放，下面摆放
上芒叶，最后再进行果酱画线等
装饰。

螺丝

材料：胡萝卜、红加仑、蓬莱松
叶等。

制作要点：

螺丝造型是用一个特殊的工
具旋转器钻入胡萝卜的中心，旋
转到底后剥除外表的废料，即可
成为图3的样子，把它分开即得
两个螺丝弹簧。（用这种旋转器
也可以加工其他食材，如黄瓜等，
最后可用作凉菜。）

江南

材料： 胡萝卜、干糖桂花粉、银色巧克力球、铜钱草。

制作要点：

用旋转器在胡萝卜中心进行螺旋切割做成弹簧造型，然后用铜钱草等进行装饰。

轻柔

材料： 干糖桂花粉、红樱桃、康乃馨叶、胡萝卜、花瓣等。

制作要点：

在盘子1/3处放上康乃馨叶、红樱桃，放上事先用旋转器做好的胡萝卜弹簧装饰，最后撒上干糖桂花粉。

报喜花

材料： 各色果酱，网纹叶、小吊兰、情人草、面团等。

制作要点：

用黑色、黄色、橙色果酱在盘子上画出福字中国结的图案，然后用面团固定好情人草，最后放上小吊兰和网纹叶。

清丽

材料：果酱、三色堇、面团、绿叶、
　　　情人草、黄色圣女果。

制作要点：

　　用黑色果酱在盘子1/3处画
出线条，然后用面团固定好情人
草，旁边分别摆放上黄色圣女果
与三色堇即可。

迎春花

材料：各色果酱，面团、情人草。

制作要点：

　　用红色果酱和蓝色果酱借助
于手指画出两朵小花，再用面团
固定好情人草，最后用黑色果酱
画线，再用绿色果酱点缀。

蝶舞翩翩

材料：果酱、面团、勺子、鸡蛋黄、
　　　可食用小蝴蝶、樱桃、三
　　　色堇、萝卜片、红加仑等。

制作要点：

　　用黑色和橙色果酱画出线条
等图案，然后用面团把不锈钢勺
子摆放固定，在勺里放上鸡蛋
黄，在勺柄上借助面团粘上可食
用小蝴蝶（市场有售），最后分
别把樱桃、三色堇、萝卜片、红
加仑等进行装饰摆放。

独树一帜

材料： 果酱、勺子、圣女果、三色堇、小青柠、小萝卜片等。

制作要点：

用果酱在盘子 1/3 处画出两条虚线，然后用面团固定好不锈钢勺子的位置，然后依次放上圣女果、小青柠、萝卜片、三色堇等。

飞花留香

材料： 果酱、小橘子、红樱桃、小豌豆、勺子。

制作要点：

用果酱在盘子 1/3 处随意画出想要的图案，用面团固定好勺子的位置，然后将红、黄、绿三种颜色的蔬果摆放好。

微笑

材料： 果酱、三色堇、勺子、鸡蛋黄、水果、装饰叶、蓝莓、红加仑等。

制作要点：

用果酱在盘子 1/3 处画出线条；用面团固定好勺子的位置，然后在勺子里放上鸡蛋黄，上面用红色果酱点缀上笑脸图案；在勺子旁边用面团插上彩色装饰叶，再在周边摆放三色堇和水果即可。

古风

材料： 各色果酱，油炸藕片、芒叶、
面团。

制作要点：

把藕切出圆片，放在油锅中
炸至两面金黄色，捞出晾干即可
成为盘饰插件。用各色果酱画出
线条、小花，然后用面团固定好
芒叶和藕片。

转身一刻

材料： 糖粉、藕片、圣女果、蓬
莱松、芒叶、三色堇等。

制作要点：

选择黑色的盘子，用纸张遮
挡后露出一角，通过筛网均匀地
撒上一层白色糖粉。摆放上藕片
（提前用油炸至金黄色捞出），
用面团固定；摆放圣女果，在上
面插蓬莱松、芒叶；在一侧摆放
三色堇。

轱辘

材料： 藕片、糖艺、巧克力酱、
酸模叶、三色堇、红加仑。

制作要点：

（1）熬好糖液（做法见第一
章），倒合适量在不沾垫上，趁
软热用手拉出透明的造型备用。
使用时将糖体一头用火机烤化，
粘在盘子的适当位置。

（2）将藕片用油锅炸好。

（3）用巧克力酱在盘子上画
出弯曲流畅的线条，用面团固定
藕片，然后放上酸模叶、三色堇、
红加仑。

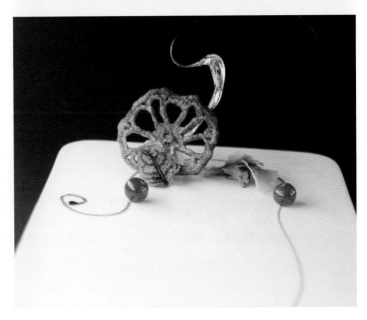

雪景

材料：糖艺、蓬莱松、火龙果块、面包糠、
　　　红加仑、糖粉。

制作要点：

（1）熬好糖液（做法见第一章），倒适量在不沾垫上，趁软热用手拉出透明的造型备用。使用时将糖体一头用火机烤化，粘在盘子的适当位置。

（2）摆上蓬莱松、火龙果块、面包糠、红加仑，在周边撒上糖粉。

初夏

材料：睡莲杆、红薯粉条、澄面、糖粉、
　　　西瓜球、松针。

制作要点：

将睡莲杆切成不一样长的3段，用澄面固定在盘面；将红薯粉条炸过，摆盘；撒上糖粉，再摆放颜色鲜翠的西瓜球、松针。

异次元魔方

材料：大芋头、艾素糖、柠檬黄糖浆、果酱、韭菜花杆、
　　　澄面、胡萝卜叶子。

制作要点：

本作品意境简单干净。制作时，将大芋头切方块，各面均匀平整；将艾素糖加柠檬黄糖浆染色；摆盘时，用果酱画出长方形，用澄面固定长短不同的韭菜花杆，最后点缀胡萝卜叶子。

材料： 各色果酱，圣女果、糖液，油炸藕片、
蓬莱松、三色堇、红加仑。

制作要点：

事先将藕片用油锅炸好；熬好糖液（做法
见第一章），将圣女果用竹签插着蘸裹糖液后
拉起，在糖液冷却凝固前将其拉出变化多端的
丝。取盘子，用各色果酱画出线条、小花；然
后摆放上圣女果，在上面插蓬莱松；再摆放好
藕片；在线条上用三色堇、红加仑点缀。

晶莹

材料： 各色果酱，圣女果、糖液、
常春藤。

制作要点：

（1）在盘面用绿色、棕色果
酱挤一个点，用拇指抹开，再用各
色果酱在抹痕里画出小花、小点。

（2）熬好糖液（做法见第一
章），然后用竹签一头插上圣女果，
在糖液锅里沾裹后提出，风凉定
型，在糖体凝固前做造型。然后
再慢慢拔出竹签，将圣女果造型
竖立摆放在盘子上（可用一点糖
液在底部固定），最后用常春藤
的枝叶插在拔出的竹签孔里。

诗意

材料： 各色果酱，圣女果、糖液，
红石榴籽。

制作要点：

用黑色果酱在盘子 1/3 处画
出曲线，把事先用糖液沾裹拉丝
的圣女果（做法见前例）放上，
然后用红色和黄色果酱画出小花，
用蓝色果酱画出小鸟，再用两颗
红石榴籽点缀即可。

Love

材料： 红色火龙果、蓬莱松、情人草、红樱桃、樱桃萝卜，各色果酱。

制作要点：

用黑色、黄色、蓝色果酱在盘面画出图形。将红色火龙果切小块摆盘，把蓬莱松和情人草插上，把红樱桃通过牙签固定上，最后将樱桃萝卜切成薄片夹放好。

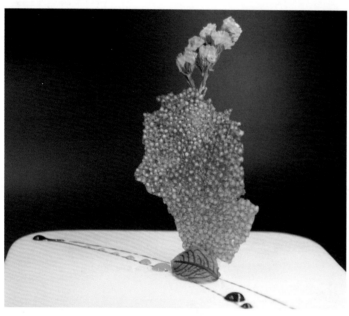

薄脆

材料： 各色果酱，绿色脆皮、薰衣草、绿叶。

制作要点：

用黑色果酱画出两条直线，然后用绿色和橙色果酱点出一排小点。用面团固定好事先加工好的绿色脆皮（锅巴制品），后面再插上薰衣草，最后在下面放上绿叶即可。

薄翼

材料： 干糖桂花粉、红樱桃、绿樱桃、小鲜花、两片彩色装饰叶子、面团。

制作要点：

用面团固定好两片竖立的彩色装饰叶子，放上红、绿樱桃和小鲜花，最后在适当位置均匀地撒上干糖桂花粉。

报喜鸟

材料： 各色果酱，面包糠、法香、情人草、红樱桃、面团。

制作要点：

用蓝色果酱抹出小鸟的大体图案，在其中用黑色果酱画出鸟喙、眼睛、羽毛轮廓，再在尾巴上用橙色果酱点缀。用面团固定好情人草、法香，放上红樱桃，撒面包糠。

橙红

材料： 干糖桂花粉、红色花瓣、铜钱草、圣女果、橙子、蓬莱松。

制作要点：

在盘子1/3处用干糖桂花粉撒出直线，放上事先切好的橙子，圣女果切掉底部放上，摆放铜钱草、红色花瓣，最后在橙子上插入蓬莱松。

蝶恋

材料： 各色果酱，可食用小蝴蝶、小青柠。

制作要点：

用各色果酱画出两颗心形气球，用黄色和棕黑色果酱画出两朵小花，最后放上切半的小青柠和可食用的装饰小蝴蝶（市场有售）。

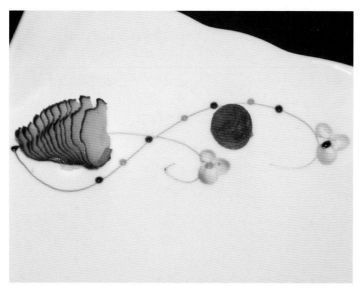

飞花四溅

材料： 各色果酱，小黄瓜、红心火龙果小球。

制作要点：

先用黑色果酱画出交叉曲线，用紫色和黄色果酱挤点抹开成小花，再用各色果酱挤出枝条和花心处的小点。最后放上切成多片的小黄瓜，以及用挖球器挖出的火龙果小球。

福到

材料： 圣女果、小玫瑰、装饰瓷器、野米，各色果酱。

制作要点：

用黑色果酱随意画出有错落感的线条，并随意刮擦；用橙色果酱点画梅花图案，让花瓣上的果酱厚薄不均，形成渐变色效果；用绿色果酱点画绿叶。撒上野米，扣上装饰瓷器，再放上圣女果和小玫瑰即可。

红黄蓝

材料： 各色果酱，红樱桃、小青柠、果签。

制作要点：

先用果酱画出直线和交错的曲线，还有断续效果的放射状曲线；用黄色、粉色、蓝色果酱在曲线岛内进行颜色填充，另在放射状曲线上点缀。放上红樱桃、小青柠，插上果签。

鸿运当头

材料： 各色果酱，三色堇、网纹叶、
　　　黑樱桃。

制作要点：

在盘子上方用手指均匀地抹
开黄色果酱，用蓝色果酱画出一
朵小花。放好网纹叶、三色堇、
黑樱桃，挤红色果酱点缀。

流星小夜曲

材料： 黄色、黑色果酱，黑橄榄、
　　　红樱桃、网纹叶、三色堇。

制作要点：

在盘子上挤出黄色果酱的大
点，再伴随一个黑色果酱的小点，
然后用手指抹开，在痕迹里点缀
黑色果酱的小点。放上网纹叶、
红樱桃、黑橄榄和三色堇。

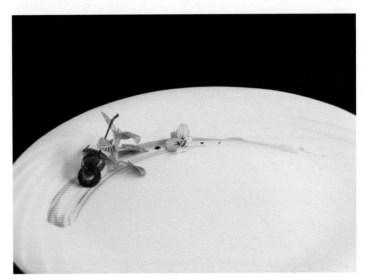

花香

材料： 各色果酱，芒叶、面团、
　　　三色堇、红加仑。

制作要点：

在盘子 1/3 处用巧克力酱画
出线条，在上面用棕色和绿色果
酱点缀。在盘子中间部位用面团
固定好绿叶，搭配放上三色堇、
红加仑。

梅梅自开

材料： 各色果酱，覆盆子、三色堇、小鲜花、面团。

制作要点：

先用棕色果酱画出交叉线条；再用红色和蓝色果酱在盘子上分别滴出圆点组成梅花形状，然后用手指尖在果酱圆点上从外到内轻轻地点一下，使圆点互相连通；在中间用棕色和绿色果酱点画花蕊。在图案中间部位借助面团插上小鲜花，再用三色堇、覆盆子遮住面团。

嫩草

材料： 巧克力酱、苦菊苗、面团、红樱桃、红加仑、绿叶、八角。

制作要点：

先用巧克力酱在盘子上方画出旋转和交叉的线条，用面团固定好苦菊苗，摆放上红樱桃、绿叶、红加仑、八角点缀。

嫩春

材料： 各色果酱，哈密瓜丁、网纹叶、面团。

制作要点：

先用黑色果酱画出曲线，再用黄色、红色和蓝色果酱随意点出一排图案，表现春天的色彩。用一小块面团插上网纹叶，最后放上切好的哈密瓜丁（做法见第二章—萝卜—几何小丁）。

青松

材料： 蓝色、紫色果酱，小青柠、
　　　　胡萝卜丁、干糖桂花粉、
　　　　蓬莱松、银色巧克力球。

制作要点：

　　用刷子蘸蓝色、紫色果酱，
在盘子上画出弧形曲线，在里面
撒干糖桂花粉。在胡萝卜小丁（做
法见第二章—萝卜）上插蓬莱松，
摆放在中央，两旁放小青柠和银
色巧克力球。

清香

材料： 圣女果、巧克力酱、欧芹
　　　　碎、薯片、豌豆苗、三色堇、
　　　　面团。

制作要点：

　　先用果酱画出弧形飘带，洒
欧芹碎点缀。借助面团摆放上薯片、
豌豆苗、三色堇。将圣女果用开水
烫过，借助巧克力酱粘在盘上。

秋实

材料： 各色果酱，带叶小橘子、
　　　　花叶。

制作要点：

　　在盘子上挤蓝色、黄色、紫
色果酱，抹成色彩丰富的轨迹，
在里面再点缀棕色果酱。摆放上
带叶小橘子、花叶。

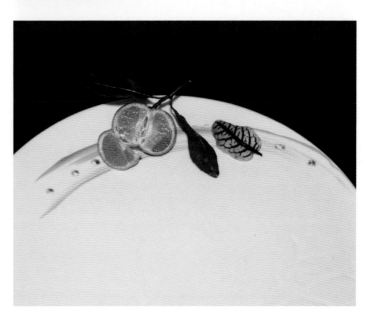

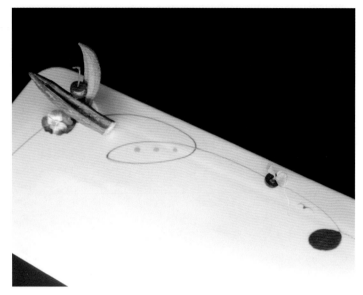

色调

材料： 各色果酱、三色堇、樱桃、干秋葵、黑橄榄、碗豆苗等。

制作要点：

　　用果酱笔在盘子上画出线条，再点缀、填色。用面团固定上干秋葵，再以三色堇、樱桃、黑橄榄、豌豆苗等点缀装饰。

蔬香

材料： 巧克力酱、红色樱桃、红加仑、紫苏菜、橙子。

制作要点：

　　先用刷子在盘子上按弧形刷上巧克力酱，然后根据颜色的互相搭配，在上边分别摆放上红色樱桃、紫苏菜等，再在蔬果上淋一道巧克力酱。

味蕾

材料： 圣女果、红加仑、三色堇、豌豆苗、八角、竹垫子、巧克力酱。

制作要点：

　　用刷子刷出巧克力酱的平行痕迹，放上一小片竹垫子，将圣女果削去一小块后在竹垫子上放稳当，再放上红加仑、三色堇、豌豆苗、八角。

霞光两道

材料： 各色果酱，情人草、蓬莱松、面团、樱桃、网纹叶、火龙果小球。

制作要点：

先用黄色和紫色果酱在盘子上以刷子刷上两道痕迹，然后在黄色果酱上点缀几滴天蓝色果酱。借助于面团插上情人草、蓬莱松，摆放樱桃、网纹叶、火龙果小球。

一亩地

材料： 各色果酱，圣女果、干糖桂花粉、常春藤叶。

制作要点：

用蓝色和棕色果酱在盘子上抹出两条线，以手指沾红色果酱后在盘面印上小点。将圣女果底部削平，放置在盘面。撒上干糖桂花粉，摆上常春藤叶。

转瞬间

材料： 各色果酱，情人草、面团、干橙片、薄荷叶。

制作要点：

用黑色果酱在盘面画出长型旋转线条，在圈里填充上多种颜色的果酱。在盘面适当位置放一小团面，插上情人草。将干橙片撕开后扭曲做造型，放上盘面，再点缀上薄荷叶即可。

一缕烟

材料： 各色果酱，黄色康乃馨、小花瓶、常春藤、圣女果、蓝莓、火龙果小球、豌豆、樱桃萝卜（刻成蘑菇状）、面团。

制作要点：

用果酱画小花时，先在盘子上滴出 5 个圆点，然后用手指尖在果酱圆点上从外到内轻轻地点一下，使圆点互相连通即可。摆放圣女果时将其底部削平，避免滚动。樱桃萝卜刻成蘑菇状，雕刻方法见第 83 页"红蘑菇"。

秋实螺艺

材料： 大海螺壳、小树枝、艾素糖、绿色果酱、澄面。

制作要点：

艾素糖加点果酱染色。装盘时，用澄面固定海螺壳、小树枝，撒上艾素糖。

愿望

材料： 绿茶粉、樱桃、苦菊苗、黑橄榄、淡紫色勿忘我、面团、果酱。

制作要点：

用圆形网垫放在盘面上，把绿茶粉均匀洒在上面，然后拿出网垫子，留下网纹图案。在图案中央放上樱桃、苦菊苗、黑橄榄，外围用面团固定淡紫色勿忘我小花，一旁用果酱随意书写、印记。

枝干

材料： 桂皮、三色堇、八角、芒叶、
糖粉、粉菊花瓣等。

制作要点：

桂皮和八角要用开水事先烫
一下，去掉本身的药材味道，然
后摆在黑色的盘子上。均匀地撒
上糖粉，放上三色堇、芒叶、粉
菊花瓣点缀。

竹篱笆

材料： 竹垫、樱桃、苦菊苗、三
色堇、康乃馨叶子、粉菊
花瓣。

制作要点：

将竹垫卷成桶状，放在盘面
上，桶里面放上苦菊苗、樱桃，桶
壁上插康乃馨叶子。在旁边放三色
堇，用粉菊花瓣随意淋洒。

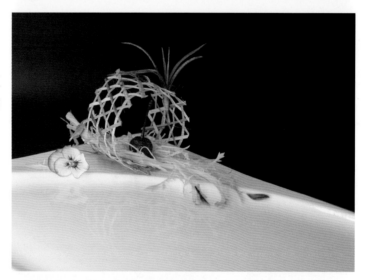

一点红

材料： 各色果酱，不锈钢勺、樱桃、
法香、情人草、三色堇。

制作要点：

用红色果酱通过果酱瓶(笔)
在盘子上画曲线，画的时候让果
酱瓶平躺在盘子里，轻捏瓶身，
就可以画出虚线；再用绿色果酱
点缀。摆上勺子，里面放上樱桃、
法香，插上情人草、三色堇。

第八章
视频演示

扫描下面的二维码，就可以播放视频，演示制作过程。

说明：（1）如遇播放卡顿，请更换更高速网络，或等待缓存。

（2）因网络具有不确定性，图书出版者在本书印制 5 年后不对以下链接的有效性进行保证。

一 蔬果雕刻

月季花

总时长：4 分 45 秒

小鸟

视频分段：

1. 雕毛坯

2. 雕翅膀

3. 雕细节

总时长：19 分钟

视频分段：
1. 雕毛坯
2. 雕身体
3. 雕浪花
4. 雕鱼鳍
5. 成品

总时长：28 分钟

二 西瓜雕

　　西瓜雕刻色彩鲜艳、体量大，很容易成为聚会活动的吸睛焦点。而西瓜雕的难度不太大，因为它是一种在平面上的半浮雕，人人都可以尝试。

　　西瓜雕流派大体上有中式的扬州瓜雕和起源于泰国的泰式瓜雕两种。

　　注：以下作品的操作视频来自于作者的图书《瓜雕宝典》，该书详细提供了多种瓜雕技法，并链接多达 3.5 小时的云端演示视频，有兴趣的读者可扩展阅读。

总时长：22 分钟

总时长：52 秒

材料： 面团、紫薯粉、黄金柳芽、
红樱桃、三色堇、红石榴籽、
苦菊苗、薄荷叶。

制作过程：

1. 在白色盘面放上面团，撒上
紫薯粉。

2. 在面团上插黄金柳芽，显得
一高一低有层次感。

3. 放上苦菊苗等其他装饰物。

总时长：55 秒

材料： 奶油、千叶吊兰、铜钱草、
三色堇、紫薯粉、肉松、红
色果酱。

制作过程：

1. 在盘子上挤出奶油，准备用
来固定花草。

2. 用小漏勺撒上紫薯粉，插上
千叶吊兰。

3. 放上铜钱草、三色堇。

4. 撒上肉松，最后用红色果酱
点饰。

总时长：1分21秒

材料： 白色糖粉、黄金雀巢、面团、芒叶、薄荷叶、红樱桃、康乃馨花瓣、小青柠。

制作过程：

1. 在黑色盘子上用两张纸遮挡出缝隙，撒上糖粉。

2. 用面团将黄金雀巢彼此固定好，再粘于糖粉带中间。

3. 在第一层黄金雀巢里放上面团，固定芒叶；第二层放薄荷叶；第三层放红樱桃。

4. 在黄金雀巢区域再一次撒白色糖粉，制造出雪景效果。

5. 撒康乃馨花瓣，用小青柠点缀。

材料： 艾素糖、白色糖粉、豌豆苗、樱桃、薄荷叶、三色堇、干糖桂花。

总时长：1分37秒

制作过程：

1. 艾素糖倒入锅中开火熬化，待其稍冷却至质地黏稠，以勺子舀起淋在钢管上，待糖温度完全冷却后取下备用。（注意，艾素糖熬化温度很高，最好带上手套进行操作，以免烫伤。）

2. 在黑色盘子上用两张纸遮挡出缝隙，撒上糖粉。

3. 将前面做好的糖艺固定好（为了避免上桌时倒下，可将其底部烧化后固定在盘面上）。

4. 放上豌豆苗、樱桃、薄荷叶、三色堇，撒上干糖桂花。

 **雪痕**

总时长：52 秒

材料：面团、文竹、火龙果、白色糖粉、康乃馨花瓣、三色堇、薄荷叶、蓬莱松、干橙片。

制作过程：

1. 把橙子切片，自然晾干备用。

2. 选黑色的盘子，用面团固定好文竹，前面放上火龙果块。

3. 均匀地撒上白色糖粉，放上薄荷叶，撒上康乃馨花瓣、三色堇。

4. 火龙果肉里插上小的蓬莱松，在面团里插上干橙片。

  **柳青**

总时长：1 分 10 秒

材料：黑色巧克力块、面团、黄金柳芽、酸模叶、三色堇、小圣女果、康乃馨花瓣、法香碎。

制作过程：

1. 用火枪将黑色巧克力块的一边烤化，然后用其在白色盘面一角压出两条黑色印记。

2. 用面团固定好黄金柳芽。

3. 放上酸模叶、三色堇、切片的圣女果、康乃馨花瓣。

4. 撒上绿色法香碎。

总时长：49秒

材料： 黑色果酱、奶油、黄金柳芽、红柚子块、干橙片、薄荷叶、紫薯粉。

制作过程：

1. 在白色盘面挤上果酱，用勺子划开。

2. 挤上奶油，插上黄金柳芽。

3. 放上红柚子块、干橙片、薄荷叶，最后撒上紫薯粉。

总时长：1分40秒

材料： 艾素糖、竹签、葡萄、冬枣、小甜橘、白色糖粉、千叶吊兰、干糖桂花粉、三色堇。

制作过程：

1. 锅中加入艾素糖，开火熬化。

2. 用竹签把葡萄、冬枣、小橘子串起来。

3. 待锅中的艾素糖稍冷却至黏稠状态，将其淋在穿好的水果上，在凝固过程中可做糖艺造型，最后固定在盘子上。

4. 撒上白色糖粉，放上千叶吊兰。

5. 撒上干糖桂花粉，点缀三色堇花瓣。

图书在版编目（CIP）数据

蔬果花酱创意盘饰 / 白学彬主编 . —福州：福建科学
技术出版社，2021.6
ISBN 978-7-5335-6350-9

Ⅰ.①蔬… Ⅱ.①白… Ⅲ.①食品雕塑－装饰－技术
Ⅳ.①TS972.114

中国版本图书馆 CIP 数据核字（2021）第 018660 号

书　　名	**蔬果花酱创意盘饰**
主　　编	白学彬
出版发行	福建科学技术出版社
社　　址	福州市东水路76号（邮编350001）
网　　址	www.fjstp.com
经　　销	福建新华发行（集团）有限责任公司
印　　刷	福建新华联合印务集团有限公司
开　　本	889毫米×1194毫米　1/16
印　　张	8
图　　文	128码
版　　次	2021年6月第1版
印　　次	2021年6月第1次印刷
书　　号	ISBN 978-7-5335-6350-9
定　　价	49.80元

书中如有印装质量问题，可直接向本社调换